妙手花样

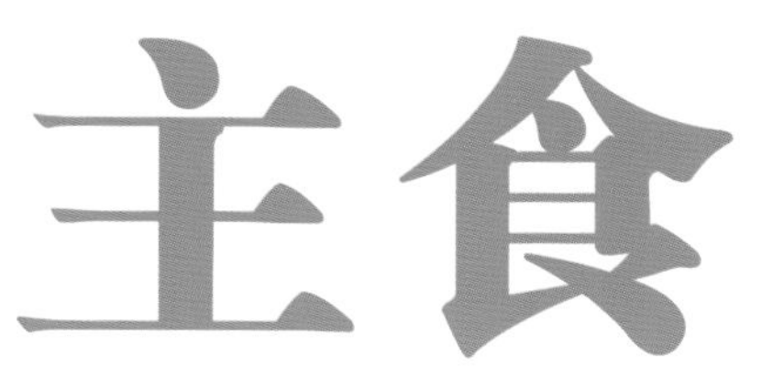

吴建达◎编著

河北出版传媒集团
河北科学技术出版社

图书在版编目（CIP）数据

妙手花样主食 / 吴建达编著 . -- 石家庄 ：河北科学技术出版社，2015.11
ISBN 978-7-5375-8139-4

Ⅰ. ①妙… Ⅱ. ①吴… Ⅲ. ①主食－食谱 Ⅳ. ① TS972.13

中国版本图书馆CIP数据核字(2015)第300586号

妙手花样主食

吴建达　编著

出版发行　河北出版传媒集团　河北科学技术出版社
地　　址　石家庄市友谊北大街 330 号（邮编：050061）
印　　刷　三河市明华印务有限公司
经　　销　新华书店
开　　本　710 × 1000　1/16
印　　张　10
字　　数　150 千字
版　　次　2016 年 1 月第 1 版
　　　　　2016 年 1 月第 1 次印刷
定　　价　32.80 元

前言

随着时代的进步，人们对生活品质的要求越来越高，吃、穿、住、行概莫能外。日常饮食与人体的健康状况息息相关，人们已开始重视食品种类和营养的搭配。如今，食品安全问题也受到普遍关注，为了饮食健康，许多人更青睐以自己烹饪的方式来表达对家人的关爱。自己烹制美食，不仅可以维护健康，也能提升家人之间的融合度，提高家庭生活的幸福和美满指数。

为了让大家在烹饪时能有据可依，以便更轻松地制作出受家人欢迎的美食，同时充分享受烹饪的乐趣，我们特意编写了这套菜谱。为满足各类人群、各个年龄段对饮食的不同需求，适合个人口味偏好，本套菜谱编写范围较广，包含家常菜、小炒、私房菜、特色菜、川菜、湘菜、东北菜、火锅、主食、汤煲等，不一而足，希望能够满足各类读者对于美食的独特需求。

我们力求让读者一读就懂，一学就会，一做便成功。书中详尽介绍了食物制作所需的主料与配料，并对操作步骤进行了细致地讲解，同时关于操作过程中需要注意的事项也重点阐述。即便您从来没有下过厨房，也可以在菜谱的帮助下制作出美味可口的菜品。

在教您烹饪的基础上，我们对食材与菜品的营养成分进行了解析，以帮助您选择适合家人营养需求与口味的菜肴。希望可以让您吃得健康、吃得明白。

另外，我们为每道菜都配有精美的图片，在掌握制作方法的同时，给您带来一场视觉上饕餮盛宴。看着令人垂涎欲滴的图片，想必您一定能胃口大开，在享受美食的同时，体会到烹饪带给您的巨大乐趣。

美味的食物不仅可以给您带来味蕾上的满足感，更重要的是每一种食物都蕴藏着养生的智慧。希望在您享受美食的过程中，您的体质与生活质量都能得到更好的改变。

在这套菜谱的编写过程中，我们请教了烹饪大师、营养师等相关人士，他们给予了我们极大的帮助，在此表示深深的谢意。然而，我们的水平有限，书中难免出现疏漏之处，敬请读者指正。在此一并表示感谢！

目录

CONTENTS

Chapter 1 风味各异的米饭 …… 001

Chapter 2 温和筋道的面条 031

Chapter 3 爽滑的米线、粉类 055

Chapter 4 鲜美可口的包子 067

Chapter 5 鲜香的饺子、馄饨 083

Chapter 6 馒头、发糕、饼类 107

Chapter 1 风味各异的米饭

腊肉香肠蒸饭

主 料 大米150克，油菜1棵，腊肉、广式香肠各适量

配 料 橄榄油5克，生抽、老抽、白糖、香油各适量

·操作步骤·

① 将大米洗净，入水浸泡10分钟；油菜洗净，放入开水中焯1分钟捞起备用；腊肉、香肠切片，放在水里浸泡5分钟，捞出备用。

② 米中放入5克橄榄油，在蒸锅中蒸到八分熟的时候取出，摆上腊肉、香肠、油菜，继续蒸熟即可。

③ 食用时，浇上用老抽、生抽、白糖、香油调成的汁，拌匀即可。

·营养贴士· 这款美食具有补钙、防癌、强身健体的功效。

鲍汁白灵菇捞饭

主 料 米饭1碗，白灵菇1朵

配 料 鲍汁15克，蚝油5克，植物油10克，老抽、水淀粉、精盐各适量

·操作步骤·

① 白灵菇洗净切大片，加鲍汁、蚝油、清水调成的酱汁搅拌，使每一片蘑菇都挂上酱汁，放入盘子里，放在开水锅内蒸10分钟取出。

② 炒锅倒植物油烧热，直接把白灵菇带汁倒入炒锅，加一点点老抽、精盐，炒制1～2分钟，出锅前放少许水淀粉使汤汁浓稠。

③ 炒制好的白灵菇放入盘中，盛一碗米饭倒扣在白灵菇上即可。

·营养贴士· 白灵菇被誉为“草原上的牛肝菌”，有益血管，还能起到镇咳消炎的功效。

腊肉虾仁蒸饭

主 料 大米150克，腊肉、虾仁、葡萄干、青豌豆各适量

配 料 橄榄油15克，生抽、老抽、白糖、香油、精盐各适量

·操作步骤·

① 将大米洗净，浸泡10分钟；青豌豆洗净；腊肉切片，放水里浸泡5分钟，捞出备用；虾仁洗净。

② 米中放15克橄榄油，放入微波炉中，蒸到八分熟的时候取出，摆上腊肉、虾仁、青豌豆、葡萄干，放入微波炉中继续蒸熟，取出。

③ 将老抽、生抽、白糖、香油、精盐调成汁，浇在饭上拌匀即可。

·营养贴士· 适量的腊肉可以起到开胃驱寒、消食的功效。

·操作要领· 腊肉用水泡一会儿，既方便蒸熟，又可减少咸味。

西红柿肉肠蒸米饭

主 料 大米 100 克，西红柿 50 克，肉肠适量

配 料 精盐少许

操作步骤

准备所需主材料。

将西红柿和肉肠分别切成小丁。

将大米洗净，取碗先装大米，放适量水，再放上肉肠，上锅蒸至八成熟，再将西红柿丁撒在上面，蒸熟即可。

烹饪心得

营养贴士：西红柿具有健胃消食、生津止渴之功效。

操作要领：肉肠也可以和西红柿一同放入，别具风味。

苹果咖喱饭

主 料 苹果1个，胡萝卜100克，土豆1个，瘦肉1小块，咖喱块50克，米饭、腌芥菜根、花椰菜各适量

配 料 植物油、葱花各适量

·操作步骤·

① 所有配料洗净，瘦肉、腌芥菜根切丁，苹果、土豆去皮后切块，胡萝卜去皮后切丁，花椰菜用手掰成小朵。

② 锅中加适量油，放入瘦肉丁和腌芥菜根丁翻炒，至肉变色出香味时，放入苹果块、土豆块、胡萝卜丁、花椰菜一起翻炒2分钟。

③ 加入适量冷水，煮沸后转中小火继续煮10分钟左右后关火，放入咖喱块，待完全溶解后，小火炖煮5分钟，至咖喱呈浓稠状，将煮好的咖喱浇在蒸好的热米饭上，撒上葱花即成。

·营养贴士· 咖喱能够促进唾液和胃液分泌，具有促进胃肠蠕动和增进食欲的功效。

·操作要领· 可在饭上撒少许香草碎，以增加风味。

苋菜麻油蒸饭

主 料 白米 100 克，苋菜 150 克，玉米粒 20 克

配 料 蒜 2 瓣，胡麻油 10 克

·操作步骤·

① 苋菜洗净，切小段；蒜瓣切片。

② 热锅倒入胡麻油，小火爆香蒜片，放入苋菜段炒约 1 分钟，至苋菜出水后捞起沥干。

③ 白米洗净后沥干水分，与炒好的苋菜及玉米粒拌匀放入电子锅中，按下开关蒸至开关跳起，再焖 10 分钟即可。

·营养贴士· 苋菜具有滋润肠胃、清热的功效。

玉米稀饭蒸蛋

主 料 稀饭 1 碗，鸡蛋 2 个

配 料 玉米酱 30 克，精盐少许

·操作步骤·

① 玉米酱加进稀饭中搅拌均匀，加精盐调味。

② 将蛋打散后铺在稀饭上。

③ 取一蒸锅，将稀饭放入蒸锅中蒸 8 分钟左右至熟即可。

·营养贴士· 鸡蛋中含有丰富的 DHA（一种重要的不饱和脂肪酸）与卵磷脂，能够促进神经系统与身体的发育，具有健脑益智的功效。

豌豆
烤饭

主料 大米200克，干豌豆粒75克，胡萝卜50克，面包糠40克，鸡蛋液适量

配料 洋葱末10克，猪化油20克，精盐、植物油各适量

·操作步骤·

① 将大米淘洗干净，入锅加适量清水煮，当饭快熟时，把胡萝卜洗净，放在饭上蒸熟；干豌豆洗净，放油锅中炸一下，捞出。

② 将胡萝卜切成小丁，同鸡蛋液、精盐、洋葱末、猪化油、豌豆粒一起拌入饭里。

③ 在烤盘内抹一层植物油，铺入一层面包糠，把饭放在上面抹平，再抹一层植物油，然后放入烤箱，烤至表面呈金黄色即成。如果有条件，可在烤饭周围点缀一些新鲜蔬果，可以在视觉上使人食欲大开。

·营养贴士· 豌豆中含有丰富的胡萝卜素，能够减少体内致癌物质的增长，具有防癌治癌的功效。

·操作要领· 在烤饭时，掌握好时间和温度，味道更佳。

豌豆腊肠糯米饭

主 料 腊肠200克，豌豆30克，糯米200克

配 料 食用油、食盐、味精各适量

操作步骤

准备所需主材料。

将糯米用冷水浸泡30分钟，将腊肠切成丁。

锅内放入食用油，放入腊肠进行翻炒。

锅内放入适量水，再放入糯米和豌豆煮制，至熟后放入食盐和味精调味即可。

营养贴士：糯米具有补中益气、排毒养颜的功效。

操作要领：适当浸泡，能使蒸出来的饭更加松软可口。

红枣糯米饭

主料 糯米 200 克，红枣、葡萄干、莲子、枸杞、山楂糕条各适量

配料 白砂糖、水淀粉各适量

·操作步骤·

① 糯米用清水浸泡 4 小时以上，沥干水分；蒸笼布浸湿挤去水分，铺在蒸笼上将糯米均匀地铺在上面，隔水大火蒸 20 分钟左右。

② 取出蒸熟的糯米饭，加入白砂糖拌匀；取一大碗，将山楂糕条、红枣、莲子、葡萄干、枸杞在碗底排列好，用糯米饭铺满碗内，压平。

③ 上蒸锅，大火蒸 30 分钟，取出饭碗，趁热倒扣在盘中；炒锅放火上，勾水淀粉，淋在糯米饭上即可。

·营养贴士· 红枣具有保护肝脏、健胃补脑的功效。

·操作要领· 红枣也可以事先捣成泥，拌在米饭中。

豆皮寿司

主 料 米饭1碗，豆皮2张，红枣适量

配 料 糖适量

·操作步骤·

① 豆皮煮熟；红枣洗净捣烂，放入米饭中，上锅蒸5分钟。

② 在蒸好的米饭中放入适量糖拌匀，之后均匀涂抹在豆皮上，从一边卷好，稍凉后切段即可。

·营养贴士· 豆皮具有清热润肺、止咳消痰的功效，还能提高儿童的身体免疫力，促进儿童身体与智力的发展。

竹筒饭

主 料 山兰米、猪瘦肉各适量

配 料 精盐、味精、五香粉、老抽、生抽、猪油、青竹各适量

·操作步骤·

① 山兰米洗后，浸泡30分钟捞起，加精盐、味精拌匀。

② 猪瘦肉切片，用老抽、生抽、五香粉腌一会儿；热锅过猪油，将肉片翻炒至熟，出锅待凉后，切粒。

③ 取新鲜青竹，每节锯开一端，洗净，抹猪油，装入山兰米、瘦肉粒和清水，用干净布条封口，放蒸笼蒸熟。

④ 取出蒸好的竹筒饭，解除布条，锯成若干小段，摆放盘中上席即可。

·营养贴士· 山兰米具有镇静和改善睡眠的作用。

椒盐粽子

主 料 糯米适量，粽叶若干

配 料 川盐、大红花椒各适量

·操作步骤·

① 糯米浸泡 24 小时，淘洗干净，沥干水分，拌入大红花椒、川盐；粽叶洗净，泡入水中。

② 用两张叶重叠 1/3 折成圆锥形，装入拌好的糯米，封口包成三棱形，用麻绳扎紧，即成椒盐粽子生坯。

③ 将生坯放入锅中，加足水，盖严锅盖，煮约 60 分钟即成。

·营养贴士· 花椒能够除腥，具有降温止疼的功效。

·操作要领· 生坯用麻绳扎得越紧越好，入锅用中火煮制。

山椒脆骨饭

主 料 猪脆骨200克，粳米、玉米粒各适量

配 料 山椒30克，黄瓜丝、橄榄油、精盐、鸡精、胡椒粉各适量

·操作步骤·

① 猪脆骨用清水洗净，锅中烧水，水开后放入脆骨；焯烫2分钟，捞出脆骨，再次过清水洗去浮沫；锅烧热，放少许橄榄油，待油烧热，放入猪脆骨翻炒；炒至变色，依次放入切碎的山椒、胡椒粉、精盐和鸡精，煎炒到两面焦黄起锅。

② 将粳米和玉米粒淘洗干净，放入电饭锅蒸成米饭；待米饭蒸好后，上面放上炒好的山椒脆骨，撒上黄瓜丝即可。

·营养贴士· 猪脆骨能够为人体提供丰富的钙质。

竹筒肉

主 料 猪肉200克，糯米300克

配 料 酱油、五香粉、精盐、竹叶、竹筒各适量

·操作步骤·

① 竹筒削掉竹节，剖开一段，洗净备用；猪肉洗净后切成末，加五香粉、酱油、精盐腌好备用；糯米泡好备用。

② 先用竹叶包好一头，然后填一些糯米，再填一些肉，最后用竹叶把另外一头也包好。

③ 将包好的竹筒放到锅中蒸，水开后蒸20分钟即成。

·营养贴士· 竹筒肉营养丰富，具有补中益气、增进食欲的功效。

珍珠丸子

主 料 猪肉 300 克，糯米 150 克

配 料 姜、葱、料酒、盐、生抽、淀粉各适量

·操作步骤·

① 糯米洗净，放入水中浸泡 4 小时，沥干备用；猪肉洗净剁成肉末；葱、姜切末。

② 猪肉末和葱姜末放入碗内，加料酒、盐、淀粉、生抽搅拌均匀成馅，把肉馅挤成大小合适的丸子。

③ 每个肉丸子上滚上一层糯米，然后放置蒸屉上，把蒸笼放在沸水锅上，大火蒸 20 分钟即可。

·营养贴士· 珍珠丸子适合食欲不佳、头晕眼花的人食用。

·操作要领· 馅料是决定本菜的先决条件，因此一定要将馅料调制好。

夹心糍粑

主 料 糯米300克，红豆沙泥150克，炸花生仁适量

配 料 花生油（熟）适量

·操作步骤·

① 将糯米洗净蒸熟。

② 手上沾点油，将熟糯米饭分成若干份，用模具压成长10厘米、宽10厘米、厚1厘米的块，放在干净潮湿的布上。

③ 将同等大小的豆沙泥夹放在两块糯米块中间，上面再点上几颗炸花生仁，按同样方法做完其他糯米块即成。

·营养贴士· 红豆沙泥具有利尿消肿、降脂减肥的功效。

泰皇炒饭

主 料 蟹肉棒2根，鸡蛋2个，洋葱1/2个，米饭适量，菠萝少许

配 料 葱花、精盐、糖、生抽、植物油各适量

·操作步骤·

① 蟹肉棒、菠萝、洋葱分别切丁；鸡蛋加少许精盐打散；米饭尽量捣散。

② 锅内放适量油，烧热后下蟹肉棒，大火翻炒至熟，加精盐和糖调味，出锅。

③ 另起锅，多放点油，放入打散的鸡蛋，炒散后下菠萝丁、洋葱丁、葱花爆炒，再放入米饭炒匀，接着放入炒熟的蟹肉棒，翻炒均匀，加适量的精盐和生抽调味即可。

·营养贴士· 蟹肉棒具有养护心脏、刺激骨骼生长的功效。

酱油
炒饭

主 料 米饭、肉馅、黄瓜、洋葱、玉米粒、蟹棒各适量

配 料 酱油、精盐、鸡精、胡椒粉、糖、料酒、葱、姜、植物油各适量

·操作步骤·

① 黄瓜洗净切丁；洋葱切丁；蟹棒切丁；葱、姜切成末。

② 锅置火上，加肉馅及水（水要多过肉馅），炒至干酥，加酱油、胡椒粉、鸡精、料酒、精盐炒匀出锅；锅中再加适量植物油烧热，放入蟹棒翻炒，加点精盐和糖调味，出锅。

③ 另起锅，加少许植物油，放入黄瓜丁和洋葱丁，加入米饭、玉米粒炒匀，加入蟹棒，挥发出一部分水分后加入炒好的肉酥炒匀，出锅前加入葱末、姜末即可。

·营养贴士· 这道炒饭具有健脑益智、增进食欲的功效。

·操作要领· 蒸米饭的时候水量要适宜，水太多就会导致米饭黏软，影响口感。

芽菜蘑菇蛋炒饭

主 料 米饭250克，芽菜20克，蘑菇50克，鸡蛋2个，洋葱1个，嫩豌豆50克

配 料 精盐5克，植物油25克

·操作步骤·

① 洋葱切丁；蘑菇洗净，切薄片；鸡蛋磕入碗中，撒0.5克精盐搅拌均匀；将米饭分散。

② 锅置中火上，放油烧至五成热，放入洋葱炒香，加入鸡蛋炒匀，加1克精盐炒匀，再放蘑菇片和嫩豌豆一起炒2分钟。

③ 放入芽菜炒香，再放入米饭炒散，放入剩下的精盐，炒5分钟左右，翻炒均匀即可。

·营养贴士· 蘑菇具有益气开胃的功效。

腊肉蛋炒饭

主 料 米饭1碗，腊肉1块，鸡蛋2个，干豌豆50克，鲜玉米粒10克

配 料 精盐少许，葱花、植物油各适量

·操作步骤·

① 腊肉洗净切成小块；鸡蛋放入锅中，加葱花炒成蛋碎盛出；干豌豆用清水泡一小会儿。

② 锅内倒植物油，放入腊肉、豌豆和玉米粒翻炒，加半碗水将腊肉煮熟，汤汁收干前倒入米饭。

③ 米饭翻炒后放入炒好的鸡蛋，翻炒一小会儿后放少许精盐调味即可。

·营养贴士· 这款蛋炒饭具有补钙、强身健体的功效。

五彩炒饭

主 料 米饭1碗，火腿、香菇、胡萝卜、黄瓜、鸡蛋各适量

配 料 蟹黄、鸡精、精盐、酱油、醋、白酒、植物油各适量

·操作步骤·

① 米饭戳散，火腿和香菇切丁，胡萝卜和黄瓜洗净切丁；鸡蛋打入碗中，加点精盐打散，放入烧热的植物油锅中炒成蛋碎，盛出来待用。

② 另起锅，倒植物油，烧热后，放少量酱油，放胡萝卜、香菇煸炒，多炒一会儿，再放黄瓜丁，炒至黄瓜水分变少。

③ 放入火腿、米饭，不停翻炒，倒入鸡蛋，加入精盐、鸡精，放一点点醋和白酒，炒至米、菜均匀，粒粒分开，出锅，放点蟹黄即可。

·营养贴士· 蟹黄富含人体必需的蛋白质、脂肪和磷脂，具有开胃润肺、养血活血的功效。

·操作要领· 炒米饭时，放一点儿醋和白酒，炒出的饭味道特别香，而且不腻。

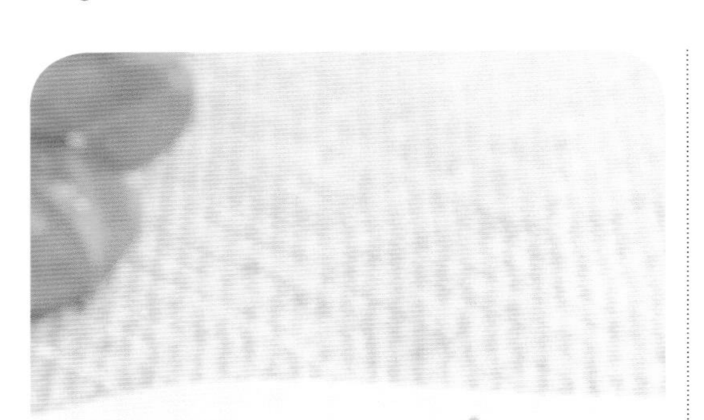

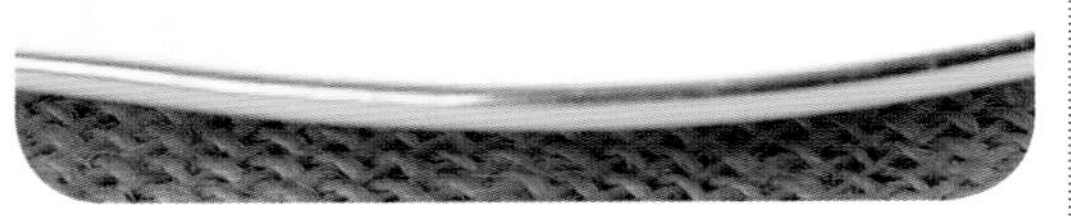

辣白菜炒饭

主 料 米饭1碗，鸡蛋1个，辣白菜、火腿各适量

配 料 食盐5克，葱花、植物油各适量

·操作步骤·

① 辣白菜、火腿均切块；锅里放油加热，将鸡蛋炒熟备用。

② 锅内再放油，放入辣白菜和辣白菜汁翻炒，然后加入米饭翻炒，再加入炒熟的鸡蛋、食盐、火腿翻炒均匀，撒上葱花即可。

·营养贴士· 辣白菜具有润肠排毒、刺激肠胃蠕动的功效。

什锦炒饭

主 料 胡萝卜50克，米饭1碗，香菇2朵

配 料 酱油、食用油、食盐、味精各适量

·操作步骤·

① 准备所需主材料。

② 将胡萝卜与香菇均切丝，用沸水焯一下。

③ 锅内放入食用油，油热后放入米饭翻炒片刻。

④ 锅内放入酱油、胡萝卜丝、香菇丝继续翻炒，至熟后放入食盐、味精调味即可。

·营养贴士· 胡萝卜含有丰富的胡萝卜素，具有补肝明目的功效。

台湾什锦烩饭

主 料 米饭1碗，嫩竹笋1根，鸡蛋1个，青椒、红椒、黄灯笼椒各1个，水发香菇若干

配 料 精盐、味精、高汤、料酒、植物油各适量

·操作步骤·

① 青椒、红椒、黄灯笼椒洗净切片；嫩竹笋洗净切块；水发香菇洗净切丁。

② 锅中倒油烧热，打入鸡蛋，滑散，放入青椒、红椒、黄灯笼椒炒香，加香菇丁、嫩竹笋块翻炒，加高汤煮滚，放入味精、精盐、料酒，倒入米饭炒匀即可。

·营养贴士· 竹笋可以帮助消化，减少积食，具有防治便秘，预防大肠癌的功效。

·操作要领· 青椒、红椒、黄灯笼椒也可以在最后放，口感更佳爽脆。

西式炒饭

主料 米饭、胡萝卜、玉米粒、牛肉、豌豆各适量

配料 寿司酱油、油、红辣椒汁、鸡精、黑胡椒、精盐、洋葱各适量

·操作步骤·

① 将寿司酱油、鸡精、黑胡椒、精盐、红辣椒汁、豌豆放入切成粗粒的牛肉里，搅拌均匀后放入冰箱腌 4 小时以上；胡萝卜、洋葱切粒备用。

② 起锅将油烧热，将腌过的肉炒至七成熟，加入玉米粒、胡萝卜、洋葱、豌豆翻炒，然后加入刚出锅的米饭一起炒，最后淋上点寿司酱油炒匀即可。

·营养贴士· 这款炒饭具有美容明目、预防心血管疾病的功效。

黄油炒饭

主料 米饭 1 碗，胡萝卜 50 克，腊肉丁适量

配料 黄油、精盐、味精、熟黑芝麻、葱花各适量

·操作步骤·

① 胡萝卜洗净切丁。

② 锅烧热，放黄油，化开后放入胡萝卜丁翻炒，放入米饭翻炒，放入腊肉丁、熟黑芝麻翻炒均匀，放精盐、味精炒匀，撒上葱花即可。

·营养贴士· 黄油含有大量饱和脂肪酸和胆固醇，想要减肥的朋友们尽量少吃。

干贝酱油
炒饭

主 料 鸡蛋1个，米饭500克，干贝100克，胡萝卜、圆白菜、肉馅各适量

配 料 植物油、酱油、料酒、盐、鸡精、胡椒粉、葱、姜各适量

·操作步骤·

① 胡萝卜切成粒；圆白菜切成碎；葱、姜切成末。

② 坐锅上火，加肉馅加水（水要多过肉馅），炒至干酥加酱油、胡椒粉、鸡精、料酒、盐、干贝、胡萝卜，炒匀出锅待用。

③ 坐锅上火加少许植物油，放入打好的鸡蛋炒匀，加入米饭煸炒，挥发出一部分水分以后加入炒好的干贝肉酥炒匀，出锅前加入葱末、姜末和圆白菜碎即可。

·营养贴士· 干贝具有生津止渴、健脾补肾之功效。

·操作要领· 这道菜一定要高温快炒，这样米粒才会呈松散状。

红椒炒饭

主 料 鸡蛋1个，熟米饭1碗

配 料 葱、十三香、食盐、蚝油、植物油各适量，红椒适量

·操作步骤·

① 鸡蛋先入炒锅煎成蛋饼，再用铲子分成小块；红椒切小段；葱切末。

② 炒锅放植物油，油热后先下葱末，再下红椒翻香，加入米饭炒散，加入十三香，翻炒均匀，再加入适量蚝油炒匀，最后加入炒好的鸡蛋碎片翻炒。

③ 炒至米饭粒粒分散的时候加入适量食盐调味，炒匀即可出锅，拍成好看的形状盛盘。

·营养贴士· 该款炒饭具有促进新陈代谢、抵抗身体老化的功效。

火腿虾仁炒饭

主 料 白饭1碗，火腿、虾仁各50克

配 料 色拉油20克，精盐5克，料酒、生抽、香油、葱花各适量

·操作步骤·

① 锅里放少许色拉油烧热，将火腿（切三角片）炒香，盛出；再在锅内倒入适量色拉油，烧热后倒入白饭一起翻炒均匀，加一点生抽，再加已炒好的火腿，倒进虾仁继续翻炒。

② 放精盐调味后，继续翻炒均匀，洒料酒，最后放香油少许，撒葱花即可。

·营养贴士· 该款炒饭具有消除疲劳、增强体力的功效。

鹅肝海鲜炒饭

主 料 鹅肝50克，米饭100克，鲜虾50克，洋葱1个，黄瓜30克，火腿30克

配 料 食盐、食用油、鱼露、生抽各适量

·操作步骤·

① 鹅肝切粒，鲜虾煮熟去壳切小块，洋葱切小块，黄瓜切丝，火腿切丁。

② 起锅加入适量食用油，油热后加入鹅肝、鲜虾、洋葱、黄瓜、火腿翻炒，放入食盐、生抽、鱼露调味。

③ 八成熟的时候加入米饭，翻炒均匀之后即可出锅。

·营养贴士· 鹅肝含有丰富的维生素B_2，能够促进皮肤健康生长。

·操作要领· 这道主食中不仅可以放鲜虾，也可以加入其他海鲜。

腊味饭

主 料 大米100克，腊肠100克，胡萝卜50克，青菜50克

配 料 生抽、食盐、胡椒粉、豆豉各适量

·操作步骤·

① 大米洗净，浸泡30分钟，腊肠洗净切薄片，胡萝卜切丁，青菜切段。

② 蒸锅内放适量大米和清水，水分快干时，放入腊肠片、豆豉、食盐，焖10分钟，再放胡萝卜丁，撒入胡椒粉，放入青菜，再焖5分钟，上桌前浇入生抽即成。

·营养贴士· 腊味饭能够开胃助食，具有增进食欲的功效。

川味牛肉石锅饭

主 料 大米、卤牛肉、丝瓜、西红柿各适量

配 料 辣酱、植物油各适量

·操作步骤·

① 大米淘洗干净，上蒸锅蒸熟；卤牛肉、丝瓜、西红柿切片，丝瓜用热水焯一下。

② 石锅底层刷一点植物油，然后在里面放入米饭，在饭上铺上牛肉、丝瓜、西红柿，放在火上加热，直到听到“呲呲”的声音，关火。

③ 吃的时候，放一点辣酱在菜上，将饭、辣酱、菜搅拌均匀即可。

·营养贴士· 丝瓜含有丰富的维生素B_1，有助于小儿大脑发育以及中老年人的大脑健康。

土豆焖饭

主 料 大米500克，猪肉50克，土豆100克

配 料 色拉油、精盐、味精、老抽、葱花、料酒、蚝油各适量

·操作步骤·

① 大米洗净浸泡30分钟；土豆洗净去皮，切丁；猪肉洗净切丁，放入适量的料酒、蚝油搅拌均匀，腌渍10分钟。

② 锅中放色拉油，油热后放入腌好的肉丁煸炒，炒好后盛出备用。

③ 锅中放色拉油，先放入葱花煸炒，再放入土豆丁一起翻炒，最后放入适量的精盐、味精、老抽，搅拌均匀，倒入炒好的猪肉丁，炒到土豆基本成熟。

④ 倒入大米，翻炒均匀，倒入电饭锅中，加入适量的水，盖上锅盖，焖20分钟即可。

·营养贴士· 土豆产生热量很低，而且脂肪含量极少，把土豆作为主食可以帮助减肥。

·操作要领· 加水的时候一定要加热水，如果是冷水，土豆容易成为土豆泥，影响口感。

糙米南瓜拌饭

主 料 大米200克，糙米80克，南瓜150克，菜叶少许

配 料 橄榄油、食盐适量

·操作步骤·

① 糙米淘净后加水浸泡2小时；大米淘净后，倒入糙米中混合，加适量的水，一起浸泡30分钟。

② 南瓜去皮去籽，切成小块；菜叶洗净入水焯熟，晾凉后切碎。

③ 泡好的米放入电饭锅，待电饭锅内的水煮开，倒入南瓜块，搅拌一下，继续煮至熟，放入切碎的菜叶、食盐，滴适量橄榄油拌匀即可。

·营养贴士· 糙米富含膳食纤维，能够促进肠道蠕动，预防便秘。

石锅拌饭

主 料 米饭1碗，鸡蛋1个，胡萝卜1根，泡椒1个，海苔、蒿菜各适量

配 料 精盐、香油、甜辣酱、植物油各适量

·操作步骤·

① 胡萝卜、蒿菜、海苔洗净，胡萝卜切丁，蒿菜放沸水中焯熟。

② 锅中放植物油烧热，倒入胡萝卜丁翻炒，加点精盐调味，炒熟后盛出。

③ 石锅中涂一层薄薄的香油，铺好米饭，将蒿菜、胡萝卜丁、泡椒、海苔码进去，鸡蛋煎至六成熟，放到上面。

④ 石锅放在火上加热，直至发出呲呲的声音、锅底米饭略焦，拌上甜辣酱即可。

·营养贴士· 海苔具有增强记忆力、促进骨骼与牙齿生长的功效。

红枣焖
南瓜饭

主 料 大米400克，南瓜600克，红枣适量

配 料 葱花20克，白糖10克，猪油60克

·操作步骤·

① 大米淘洗干净，放入冷水中浸泡60分钟左右，见米粒稍胀，捞出控干水分；南瓜去皮和籽，洗净后切成约2厘米见方的块。

② 炒锅内倒入猪油，烧至七成热，放入葱花炝锅，出香味后放入南瓜块，煸炒几下，炒至稍软，放入大米、红枣、白糖和水，旺火烧开，搅拌均匀，煮至米粒开花、水快干时盖上锅盖，用中火焖约15分钟，撒上葱花即可。

·营养贴士· 南瓜富含钙、钾、钠等元素，具有防治骨质疏松与高血压的功效。

·操作要领· 食材入锅后，要用勺子把食材搅拌几下，再盖锅盖焖煮，如果不搅拌，食材在焖煮的过程中极易煳锅。

香菇鸡肉饭

主 料 鸡肉若干，香菇 2 个，大米适量，芹菜叶少许

配 料 料酒、生抽、胡椒面、食盐、葱、姜各适量

准备所需主材料。

把鸡肉切成块，放入碗中，加入生抽、食盐、料酒和胡椒面腌制半小时。

把香菇切片；姜切成小片；葱切成小段；芹菜叶择成小片。

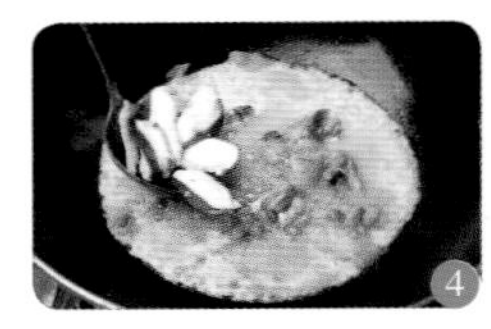

在锅中放入适量水，把大米倒入锅内，将鸡肉、香菇、葱段、姜片放入锅中，大火煮熟，撒上芹菜叶即可出锅。

营养贴士：香菇具有降血压、降血脂与降胆固醇的功效，能够提高人体免疫力。

操作要领：鸡肉和香菇连汤带料倒入电饭煲中后不用搅拌。

平锅猪肝焖饭

主 料 猪肝 100 克，青杭椒 50 克，朝天椒 20 克，大米 70 克

配 料 食用油、生抽、黄酒、蚝油、葱花、姜丝、干淀粉、白砂糖各适量

·操作步骤·

① 猪肝洗净，在冷水中浸泡 1 小时，取出后切成厚 0.2 厘米的薄片；青杭椒切菱形块，朝天椒切圈。

② 大米淘洗干净，加入适量水（浸没所有的米）浸泡 30 分钟。

③ 猪肝放入碗中，加入生抽、黄酒、蚝油、姜丝、干淀粉、白砂糖拌匀腌 20 分钟。

④ 中火加热炒锅中的油至五成热，放入腌好的猪肝煸炒片刻，加入青杭椒和朝天椒，勾芡，撒入葱花。

⑤ 平底锅的锅底用少许油涂擦一遍，放入浸泡过的大米，加入适量冷水（水量与米平齐或多出少许），加盖后用中火加热至沸腾，继续加热 5 分钟后将火调小，在大米上铺上混合好的猪肝，加盖焖 15 分钟即可。

·营养贴士· 猪肝含有丰富的铁元素，具有补血的功效。

·操作要领· 大米经过浸泡之后更易熟，并且口感更好。

麻婆茄子饭

主 料 茄子、猪肉馅、米饭各适量

配 料 葱、姜、蒜、花椒、剁椒、生抽、郫县豆瓣酱、花雕酒、植物油、精盐各适量，芝麻油、水淀粉、白糖各少许

·操作步骤·

① 茄子切条；葱部分切末、部分切花，姜、蒜切末。

② 锅内热植物油，放入茄子炸制，茄子变得稍软时捞出，沥去油。

③ 锅内热少许植物油，加入葱末、姜末、蒜末爆香，加入猪肉馅略翻炒，加入适量郫县豆瓣酱、剁椒炒匀，加入适量花雕酒、少许生抽、白糖、精盐和适量水；煮开，加入炸好的茄子，翻匀后略煮片刻，加入少许水淀粉勾芡。

④ 取一个干净的小锅，加入少许芝麻油烧热，加入花椒爆香后关火；碗内盛入米饭，铺上茄子肉末，将少许花椒芝麻油淋在表面，撒上葱花，吃时拌匀即可。

·营养贴士· 茄子具有保护心血管、防治胃癌等功效。

·操作要领· 茄子不炸，直接炖煮也可，只是炸过的口感更软糯些。

Chapter 2 温和筋道的面条

芸豆蛤蜊打卤面

主料 鸡蛋1个，蛤蜊、芸豆、煮好的面条各适量

配料 花生油、香油、葱花、姜末、蒜末、精盐、味精各适量

·操作步骤·

① 将蛤蜊洗净煮熟，剥肉洗净备用，蛤蜊汤过滤掉杂质备用；将芸豆洗净去筋切丁，放开水锅内烫一下，捞出。

② 锅内加花生油，油开后，放葱花、姜末、蒜末爆锅，将芸豆倒入锅内炒熟。

③ 加入蛤蜊汤煮开，放入蛤蜊肉，将鸡蛋打散后，倒入锅中搅成蛋花，放少许精盐和味精，点入香油，倒入煮好的面条里即可。

·营养贴士· 芸豆含有丰富的钾、镁，钠元素比较少，适合心脏病和动脉硬化的患者食用。

蛤蜊打卤面

主料 面条、蛤蜊各适量

配料 鸡蛋、植物油、精盐、油菜各适量

·操作步骤·

① 蛤蜊提前泡一晚上，洗净，放入锅中，加水烧开，撇净浮沫，待蛤蜊都开口后关火；油菜洗净，放沸水中烫一下；鸡蛋打成蛋液。

② 面条放入开水锅中煮熟，捞出过凉水，盛入碗中，放入油菜。

③ 热锅放油，放入蛤蜊加热，加精盐，然后倒入泡蛤蜊的水勾芡，将蛋液浇入，搅成蛋花，再炒一会儿收一下汁，浇在面条上即可。

·营养贴士· 蛤蜊是一种高蛋白、低热能的食物，非常适合防治中老年人慢性病。

木耳肉丝打卤面

主料 鸡蛋1个，面条、木耳、瘦肉各适量

配料 姜片、酱油、料酒、五香粉、湿淀粉、糖、精盐、葱花、植物油各适量

·操作步骤·

① 木耳开水泡发后掐根去沙，切条；瘦肉切丝，用酱油、料酒、五香粉和精盐抓匀，静置20分钟以上；面条入开水锅煮熟，捞出过凉水；鸡蛋打散成蛋液。

② 锅内热植物油爆姜片，倒入肉丝迅速滑散，待肉色变白盛出。

③ 锅中留底油，放入木耳爆炒2分钟，加500克开水、适量酱油和糖入锅，盖上锅盖，水沸后转中火煮5～8分钟，放肉丝搅匀，倒入蛋液，搅成蛋花，转大火煮2分钟，加精盐调味，用湿淀粉勾薄芡成卤，浇在面条上，撒上葱花即可。

·营养贴士· 木耳具有养血驻颜、助消化的功效。

·操作要领· 在做卤的时候，可以适当咸一点儿，这样才更入味。

牌坊面

主料 韭菜叶面条500条，肥瘦肉、青腿菇、冬笋、熟火腿、金钩各适量

配料 菜籽油、熟猪油、豆油、料酒、川盐、味精、胡椒粉、高汤、湿豆粉各适量

·操作步骤·

① 将青腿菇、冬笋水发煮后切成细丝；金钩洗后烫发；肉、熟火腿分别切成丝。

② 锅内加菜籽油烧热，放入肉丝滑散，炒干水分，加入料酒、川盐、豆油、胡椒粉，上色后放入高汤、青腿菇、冬笋和金钩，焖熟入味，加入湿豆粉勾成稀糊状即成臊子。

③ 锅内加水烧沸，放入面条煮熟，捞入放有豆油、胡椒粉、味精、熟猪油、高汤的碗内，浇上臊子即成。

·营养贴士· 冬笋具有助消化、减肥的功效。

油泼面

主料 油菜、面条适量

配料 味精、精盐、小葱、干辣椒、辣椒酱、老抽、生抽、色拉油各适量

·操作步骤·

① 油菜洗净切段，放开水锅中焯熟；干辣椒切末；小葱切葱花备用；面条煮熟。

② 在面条上放油菜，然后将辣椒酱、精盐、味精、生抽、老抽、干辣椒末、葱花拌好，倒入面条里。

③ 把色拉油烧热至冒烟，往面里一泼，最后撒点葱花即可。

·营养贴士· 油菜具有降血脂、止咳化痰的功效。

酸辣面

主 料 宽面条250克，猪瘦肉160克，酸菜50克，青椒2个

配 料 植物油、白醋、辣椒油、花椒、浓汤宝、精盐、蒜茸各适量

·操作步骤·

① 青椒去蒂和籽，切成条；猪瘦肉洗净，切成细丝。

② 锅内放植物油烧热，放花椒用小火炒香捞起，再爆香蒜茸，放入瘦猪肉丝炒散至肉色变白。

③ 倒入青椒和酸菜，翻炒均匀，注入750克清水以大火煮沸，倒入浓汤宝搅散，用小火慢煮10分钟，加入白醋、辣椒油和少许精盐调匀，做成酸辣汤。

④ 另烧开一锅水，加入精盐，放入面条打散煮至沸腾，浇入250克清水，再次沸腾后将面条捞出过冷水，倒入酸辣汤中搅匀煮沸，便可起锅。

·营养贴士· 酸菜含有丰富的乳酸菌，能够保持肠胃正常运行。

·操作要领· 用小火将花椒炒香，味道更佳。

甜水面

主料 面粉1000克

配料 复制红酱油200克，红油辣椒150克，芝麻油、芝麻酱、精盐、蒜、鸡精、黄豆粉各适量，熟菜油少许

·操作步骤·

① 面粉加清水、精盐揉匀后用湿布盖住，醒约30分钟，揉成团；蒜拍扁切碎。

② 案板上抹熟菜油少许，将面团擀成0.5厘米厚的面皮，切成0.5厘米宽的条，撒上少许面粉。

③ 水烧开后将面条两头扯一下，入开水，煮熟后捞出略凉，撒上少许熟菜油抖散。

④ 将复制红酱油、芝麻酱、黄豆粉、鸡精、芝麻油、红油辣椒、蒜碎拌匀做成调料，淋在面条上即可。

·营养贴士· 芝麻酱含有大量钙质，对骨骼和牙齿发育有很大帮助。

砂锅伊府面

主料 面粉200克，鸡蛋2个，虾4只，香菇1朵，鱿鱼圈若干，圣女果2个，西蓝花50克

配料 食盐、食用油各适量

·操作步骤·

① 将鸡蛋磕入面盆里的面粉中加适量食盐，之后加入适量冷水，和好面之后制成手擀面。

② 将做好的手擀面投入开水的锅中煮熟，用冷水投凉，之后再下入热油锅中炸成金黄色，捞出，放入碗中。

③ 将做好的伊府面和剩余食材一同放入砂锅中，煮熟后加入食盐调味。

·营养贴士· 鱿鱼圈含有牛磺酸，可抑制血液中的胆固醇含量，具有缓解疲劳和改善肝脏功能的功效。

宋嫂面

主料 手工细面条1000克，鲜鲤鱼肉300克，鳝鱼骨250克，冬笋75克，鸡蛋清30克，水发香菇5克

配料 鲜肉汤400克，熟猪油500克，油脂、酱油各100克，葱50克，虾仁50克，豆瓣酱45克，料酒50克，湿淀粉25克，花椒油、红辣椒油各25克，醋15克，生姜1块，精盐、味精、胡椒粉各适量

·操作步骤·

① 将鲜鲤鱼肉切小块，加适量精盐、料酒、鸡蛋清、湿淀粉及冷水调拌均匀；将豆瓣酱剁细；香菇切碎；冬笋切成小方块；虾仁横切两半；葱切花；姜切片。

② 锅内放熟猪油烧至六成热，放入鱼块，散后倒入漏勺内沥去多余猪油。

③ 将油脂烧热，放入豆瓣酱煸出红油，掺入鲜肉汤烧沸，捞出豆瓣渣，放入鳝鱼骨、葱花、姜片，煮出香味后，将各种原料捞出。

④ 再加入虾仁、冬笋、香菇稍煮，加入精盐、鱼块、醋，用湿淀粉勾芡，最后加入花椒油制成臊子。

⑤ 将酱油、胡椒粉、熟猪油、红辣椒油、味精分别放于碗中，水沸后放入面条，煮熟后捞入碗内，浇上臊子，撒上葱花即可。

·营养贴士· 鲤鱼中的脂肪多为不饱和脂肪酸，具有降低胆固醇，防治心血管疾病的功效。

·操作要领· 煮面条的水要多，但不要煮过，以柔韧滑爽为宜。

鲍汁大虾捞面

主 料 手擀面300克，菜心1棵，大虾1只

配 料 鲍汁、食盐各适量

·操作步骤·

① 大虾、菜心焯水备用。

② 起锅加入适量水，将适量鲍汁加入里面，用食盐调味，沸腾之后加入菜心和大虾，再次沸腾之后，起锅。

③ 另起一锅烧水煮沸，下入准备好的手擀面，煮熟之后捞入碗中。

④ 将之前准备好的鲍汁大虾倒入碗中即可。

·营养贴士· 鲍汁具有健脾养脾与减肥的功效。

日式煮乌冬面

主 料 乌冬面200克，金针菇30克，大虾2只，黄豆芽50克，海带丝少许

配 料 高汤、日本大酱、日本酱油、墨鱼素、清酒、味啉（lǎn）各适量

·操作步骤·

① 锅中放入高汤、日本大酱、日本酱油、墨鱼素、清酒和味啉，小火煮约5分钟开后，放入乌冬面，3分钟后盛入碗中。

② 将大虾、金针菇、黄豆芽、海带丝焯熟摆入面中即成。

·营养贴士· 金针菇具有祛脂降压与消食的功效。

乌冬面

主 料 大虾100克，玉米50克，乌冬面400克

配 料 植物油70克，酱油30克，鸡粉13克，生粉10克，料酒5克，鱿鱼丝少许，色拉酱适量

·操作步骤·

① 大虾洗净放入碗中，加10克植物油、3克鸡粉、10克酱油、5克料酒和10克生粉，拌匀腌渍15分钟；锅内注入60克植物油烧热，倒入大虾炒1~2分钟，捞起大虾，锅内汤水待用。

② 事先将玉米掰成均匀的几块，锅内倒入清鸡汤，加20克酱油、10克鸡粉搅匀，煮沸后放入乌冬面和玉米块，盖上锅盖煮2分钟熄火。

③ 将煮好的乌冬面盛入盘里，上面摆上大虾，浇上色拉酱，撒上鱿鱼丝即可。

·营养贴士· 乌冬面含脂肪少，而碳水化合物很多，不含反式脂肪酸，对身体健康极为有益，老少皆宜。

·操作要领· 玉米最好选甜玉米，这样口感会更加鲜甜。

叉烧乌冬面

主 料 乌冬面200克，油菜1棵，叉烧肉50克

配 料 葱花5克，盐、鸡精各5克，食用油各适量

·操作步骤·

① 叉烧肉切成片；油菜洗净。

② 锅里放油，烧片刻放入适量的水；水煮开后，放入乌冬面，面煮熟后，放入叉烧肉；放入油菜、葱花；放盐、鸡精调味，煮熟即可。

·营养贴士· 叉烧肉能够为人体提供优质蛋白与必需脂肪酸，还能促进铁的吸收。

咸鸡乌冬面

主 料 乌冬面250克，油菜1棵，盐焗鸡腿1个

配 料 盐、鸡精各5克，食用油适量

·操作步骤·

① 鸡腿切成块；油菜洗净。

② 锅里倒些油，30秒钟后放大半锅的水；水烧开后，放入乌冬面，面煮3分钟左右时，放入肉块，放入油菜，最后放盐、鸡精调味，煮约1分钟即可。

·营养贴士· 鸡腿上的鸡肉不仅可以提高人体免疫力，还能改善心脑功能，促进智力发育。

小炒
乌冬面

主 料 乌冬面、虾仁、豆芽、胡萝卜、青椒、火腿各适量

配 料 糖、蚝油、植物油、酱油、料酒、鸡精、精盐、淀粉各适量

·操作步骤·

① 乌冬面放入开水锅中氽2分钟捞出过凉水；豆芽洗净去根；火腿切长条；胡萝卜、青椒洗净切长条；虾仁洗净，沥干水，加料酒、淀粉抓匀腌10分钟。

② 锅内放植物油，放入虾仁，炒至变色后捞出。

③ 锅中留底油，放入豆芽、胡萝卜条、青椒条、火腿条翻炒，放入炒好的虾仁快炒，放入乌冬面，加入酱油、精盐、糖、鸡精、蚝油炒匀即可出锅。

·营养贴士· 青椒具有清热解痛、帮助消化的功效，还能促进脂肪新陈代谢，有助于减肥。

·操作要领· 乌冬面煮的时间不能太长，不然炒出来口感不好。

铜井巷**素面**

主料 圆形细面条500克

配料 青椒、蒜泥、葱花、花椒粉、味精、红酱油、芝麻酱、红油辣椒、香油、醋各适量

·操作步骤·

① 青椒洗净切片，与面条一同放入面锅内煮熟后捞出滗（bì）干水分。

② 将红油辣椒、芝麻酱、香油、花椒粉、葱花、红酱油、味精、蒜泥、醋兑好拌入面中即可。

·营养贴士· 葱花具有降血脂、降血压和降血糖的功效，与蘑菇同食能够促进血液循环。

炒**蝴蝶面**

主料 猪肉70克，胡萝卜50克，鸡蛋液适量，青灯笼椒1个，面粉250克

配料 小葱末20克，味精1克，盐3克，胡椒粉2克，酱油10克，熟猪油25克，食用碱少许

·操作步骤·

① 面粉放碗内，加入鸡蛋液、食用碱和清水拌匀，擀成薄面皮，切成小面皮，捏成蝴蝶形。

② 猪肉去筋洗净切小块，青灯笼椒切片，胡萝卜切丁。

③ 锅内加熟猪油烧热，放入小葱末、肉块、胡萝卜丁煸炒，加酱油，炒熟，面片在沸水中煮熟后控水加入锅中，和青灯笼椒一起翻炒，炒熟后撒盐、味精、胡椒粉，盛盘即可。

·营养贴士· 炒蝴蝶面含有蛋白质、碳水化合物等成分，具有改善贫血与提高免疫力的功效。

豆角焖面

主 料 豆角 150 克，鲜面条 250 克

配 料 大蒜 5 瓣，葱 1 根，白糖、盐各 8 克，香油 20 克，酱油、植物油各适量

·操作步骤·

① 豆角洗净后，撕去两端的茎，然后掰成 4 ~ 5 厘米长的段；大蒜切碎，葱切末。

② 锅中加入适量植物油，烧至四成热，放入葱末和一半的蒜末，炒出香味，放入豆角炒匀，翻炒半分钟后，加入酱油、白糖、盐拌匀，淋入清水没过豆角表面，然后加盖用中火焖至汤汁烧开，将汤汁倒在一个汤碗中备用。

③ 将火力调到最小，用铲子将豆角均匀地铺在锅底，鲜面条分 2 次加入，均匀地铺在豆角上，每铺一层面条，都在上面淋上一层刚刚倒出的汤汁。

④ 加盖中小火慢慢焖，直至锅中水分快要收干，最后用筷子将面条和豆角拌匀，撒上剩余的蒜末、淋入香油拌匀即可。

·营养贴士· 豆角富含 B 族维生素、维生素 C 和蛋白质，具有静心、调理肠道系统的功效。

·操作要领· 焖面是利用水蒸气将面条、豆角焖熟的，所以一定要用小火。

肉丝香菇面

主 料 挂面150克，香菇2个，鞭笋2根，猪肉100克

配 料 胡萝卜、食用油、食盐、味精酱油各适量

操作步骤

1 准备所需主材料。

2 将香菇、胡萝卜切片；鞭笋切段；肉切丝。

3 锅内放入适量水，水开后放入挂面，将挂面煮至全熟，捞出后放入碗内。

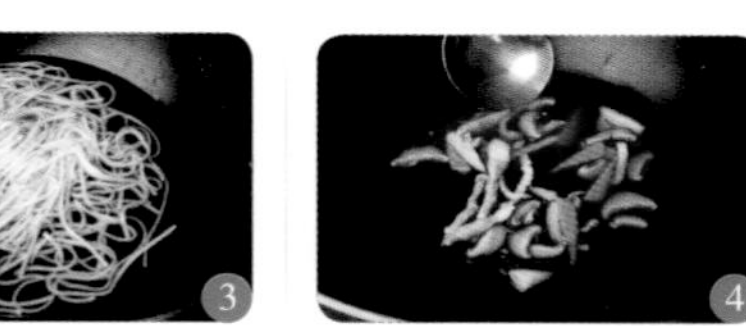

4 锅内放入适量食用油，油热后放入肉丝翻炒至变色，再放入香菇、胡萝卜、鞭笋、酱油翻炒片刻，再放入适量水，至熟后放入食盐、味精调味即成面条卤。

5 将面条卤浇在煮熟的面条上，即可食用。

营养贴士：鞭笋具有清热去火、解毒明目的功效。

操作要领：面条在锅中要经常搅动，以免粘锅。

武汉热干面

主 料 碱水面 500 克，辣萝卜 50 克

配 料 香油、芝麻酱、酱油、精盐、葱花各适量

·操作步骤·

① 把辣萝卜切成丁；用香油把芝麻酱调成糊状，加入适量的酱油和精盐，拌匀。

② 把面条抖散，放入沸水锅中，煮到八成熟时捞出，沥干水分，放于碗中，淋上香油，用电风扇快速吹凉。

③ 吃时把面条放在热水中迅速烫一下，沥干，放入碗中，把调好的芝麻酱、辣萝卜丁加在面条上，撒上葱花即可。

·营养贴士· 热干面富含碳水化合物，能够提供热能，维持大脑正常功能。

·操作要领· 面条煮过后要用筷子挑散，并淋上香油快速吹凉，防止粘连。

兰州拉面

主 料 熟牛肉 50 克，面粉 500 克，白萝卜适量

配 料 葱、香菜各 5 克，食盐 3 克，清油、辣子油、牛肉清汤各适量，白芝麻少许

·操作步骤·

① 熟牛肉、白萝卜切片，葱、香菜切碎备用。

② 面粉加水揉合均匀，案上擦抹清油，将面搓拉成条下锅，面熟后捞入碗内加牛肉清汤。

③ 牛肉片、白萝卜片摆入碗内，撒葱末、香菜末、白芝麻，根据个人口味加辣子油和盐。

·营养贴士· 牛肉不仅可以帮助人体增长肌肉，还能增强免疫力。

云南哨子面

主 料 猪绞肉 60 克，番茄 2 个，洋葱丁、香菇丁各 30 克，鸡蛋面适量

配 料 豆豉、葱花各 15 克，鸡高汤 250 克，豆干片、哨子酱汤、油各适量

·操作步骤·

① 番茄洗净切丁备用。

② 起油锅，依次加入猪绞肉、豆豉、洋葱丁、香菇丁、豆干片炒熟，再放入番茄丁炒软，倒入鸡高汤和哨子酱汤煮滚，转小火。

③ 另烧一锅水，下入鸡蛋面煮熟，沥干摆入碗中，加入已做好的哨子酱汤，撒上葱花即可。

·营养贴士· 番茄能够降血压，具有清热除烦的功效。

新疆
拌面

主料 羊肉20克，北方白面500克，蒜薹100克，洋葱10克，青、红灯笼椒各1个

配料 色拉油适量，料酒、孜然、盐、味精各少许

·操作步骤·

① 白面和好后抹一些油，盖上湿布醒一会儿。

② 羊肉切厚片，用盐和料酒腌着，备用；青灯笼椒、红灯笼椒、洋葱切片；蒜薹切段，备用。

③ 锅里放油，烧至八成热，先放羊肉片下去滑一下捞出来，将油再烧一下，下切好的蒜薹翻炒，让油爆起来，放些料酒、青灯笼椒、红灯笼椒、洋葱、羊肉和孜然，炒几下，放盐、味精调味。

④ 开始拉面，将拉好的面条过水煮熟，捞到凉水盆中过一下，装盘，将炒好的菜浇到面上即可。

·营养贴士· 羊肉肉质鲜嫩，含脂肪与胆固醇少，具有提高身体免疫力的功效。

·操作要领· 和面时盐要适量，盐少了容易断，多了拉不开。

云吞面

主料 龙须面50克，油麦菜2棵，馄饨皮若干，猪肉馅100克

配料 葱末、高汤各适量

·操作步骤·

① 取一张馄饨皮，包入猪肉馅，制成云吞；油麦菜切一刀，焯熟备用。

② 将云吞放入高汤煮10分钟，捞起放入汤碗。

③ 龙须面放入高汤中煮3分钟，捞起放进有云吞的汤碗中，放入油麦菜、葱末即可。

·营养贴士· 油麦菜含有莴苣素，具有镇痛催眠的作用，所以对神经衰弱的患者非常适合。

酸汤面

主料 鸡蛋、香菇、鱿鱼、水发木耳、笋、香菜、面条各适量

配料 胡萝卜、葱花、精盐、味精、鸡精、老抽、醋、植物油各适量

·操作步骤·

① 香菇洗净切片；胡萝卜、木耳、笋洗净切丝；香菜洗净切段；鸡蛋磕入碗中打散；面条放锅中煮熟，盛入碗中。

② 锅中放植物油，油热后放入葱花爆香，放入鱿鱼翻炒到卷曲，放入香菇、胡萝卜、笋、木耳翻炒，加点儿精盐，炝入醋，稍微翻搅一下后，倒入清水，开大火烧开。

③ 鸡蛋打均匀后，将火关小，转着圈一点点滴入锅内，用汤勺慢慢翻搅，烧开，滴几滴老抽，放入鸡精和味精，倒入盛有面的碗中，撒上香菜段即可。

·营养贴士· 酸汤面具有生汗散热的功效，可以缓解感冒症状。

海鲜意大利面

主 料 意大利面200克，鱿鱼、蛤蜊肉、虾各100克，胡萝卜、芹菜、平菇各适量

配 料 海鲜酱、淀粉、色拉油、精盐各适量

·操作步骤·

① 将意大利面入汤锅煮至熟；虾去虾线，处理干净；芹菜洗净切斜片；胡萝卜洗净切片；平菇洗净，用手撕成一片一片的；鱿鱼、蛤蜊肉用海鲜酱和淀粉抓匀上浆。

② 热锅加色拉油，将腌好的鱿鱼、蛤蜊肉和处理干净的虾下锅，爆炒至熟，再将煮好的意大利面回锅。

③ 放入胡萝卜片、芹菜片、平菇翻炒，依个人口味，加少许精盐调味即可。

·营养贴士· 意大利面硬度稍大，不仅能够充分吸收调料滋味，还能使人咀嚼次数增多，无形中起到了助消化的作用。

·操作要领· 用海鲜酱腌渍鱿鱼和蛤蜊会更加香鲜。

打卤手擀面

主料 手擀面300克，猪肉50克，茄子、西红柿各1个，鸡蛋2个，油菜1棵

配料 食用油、酱油、八角、食盐、味精适量

操作步骤

1 准备所需主材料。

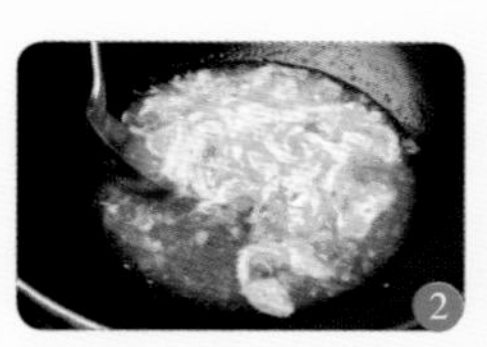

2 将鸡蛋打散在碗内，用筷子搅拌均匀；将西红柿切块。锅内放入食用油，油热后放入西红柿翻炒片刻，加入适量水，水沸后倒入鸡蛋液，至熟后加入食盐即成鸡蛋西红柿卤。

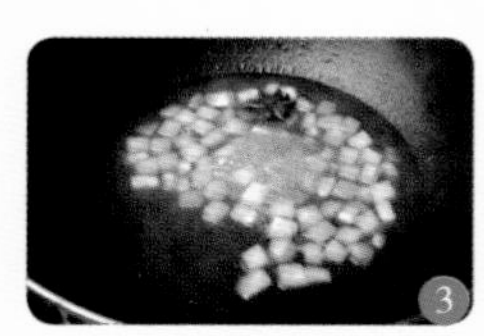

3 将茄子和猪肉切成丁。锅内放入食用油，油热后放入酱油、八角爆香，再放入茄丁、肉丁翻炒，至熟后加入食盐、味精调味，即成茄丁卤。

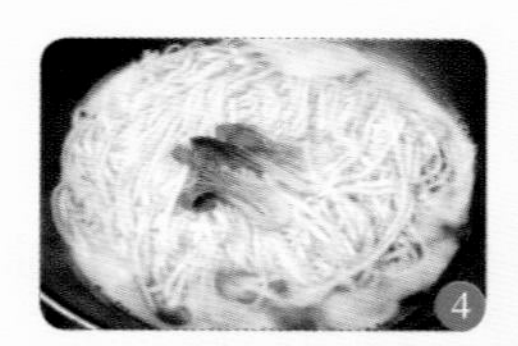

4 将油菜洗净后，切成两半。将手擀面和油菜放入开水锅中煮熟，捞出后装入碗内。鸡蛋西红柿卤和茄丁卤，随个人口味添加。

营养贴士：茄子具有抗氧化的作用，所以能够防止细胞癌变。

操作要领：手擀面不宜煮得过久，否则会很软而影响口感。

炒面

主料 面条100克，西葫芦120克，猪肉丝90克，青椒、青菜各适量

配料 姜末、蒜末、淀粉、精盐、鸡精、鲜抽、植物油各适量

·操作步骤·

① 锅里烧开水，放些精盐，放入面条煮熟，捞出，用些植物油搅拌好待用；西葫芦洗净切丝；青菜洗净切段；青椒洗净切条；猪肉丝加精盐、淀粉抓匀，腌30分钟。

② 锅里烧热植物油，放姜末、蒜末炒香，放入猪肉丝翻炒至变色，放入西葫芦、青菜、青椒煸炒至发蔫，加些精盐煸匀，放入面条炒匀，加些鲜抽炒匀，最后加鸡精调味即可。

·营养贴士· 炒面具有补血益气、平衡膳食的功效。

·操作要领· 面条煮熟之后要用冷水投凉，再用植物油拌匀。

川香牛肉面

主料 面条、牛肉各适量

配料 葱末、葱花、姜末、蒜末、香菜碎、桂皮、八角、干辣椒、五香粉、香叶、豆瓣酱、油辣椒、植物油各适量

·操作步骤·

① 牛肉去血水，切片；蒜、姜切末；葱部分切末、部分切花。

② 锅倒油烧至八成热，放葱末、姜末、蒜末、八角、干辣椒煸香后再放豆瓣酱翻炒，放入牛肉片煸炒一会儿，加水、五香粉、香叶、桂皮炖制。

③ 牛肉快熟时，面碗里放油辣椒，再盛牛肉汤；面条煮熟后捞在盛好牛肉汤的碗里，最后放炖熟的牛肉片，撒上香菜碎、葱花即可。

·营养贴士· 川香牛肉面具有补血、抗衰老的功效。

泡椒牛肉面

主料 牛肉 200 克，面条 500 克，泡椒 13 克，小白菜、黄豆芽各少许

配料 姜 20 克，白糖 2 克，花椒少许，生抽 10 克，老抽 5 克，盐、香葱各 3 克，红椒 8 克

·操作步骤·

① 将牛肉洗净后，切小块，焯水后捞出；泡椒切碎，香葱洗净切花。

② 锅内放油，加牛肉、花椒、姜炒香，再加红椒、生抽、老抽翻炒。

③ 锅中加入开水，再倒入准备好的泡椒，炖煮牛肉直至熟透，最后加入盐、白糖。

④ 水沸后下面，待水开后加 30 克水，重复两次，加入小白菜和黄豆芽，待水开后将面和蔬菜捞入碗内。

⑤ 将泡椒、牛肉汤盛入碗内，撒上香葱即可。

·营养贴士· 泡椒具有增进食欲、帮助消化的功效。

和风
荞麦面沙拉

主 料 荞麦面 150 克，胡萝卜、黄瓜各少许

配 料 和风沙拉酱材料：橙醋 200 克，沙拉油 50 克，醋 25 克，黄芥末粉 15 克，盐、细砂糖各 4 克，胡椒粉 5 克，苹果 1/2 个，洋葱 1/3 个，葱少许

·操作步骤·

① 苹果去皮、去籽，磨成泥取果汁；洋葱（留少量切丝备用）磨成泥取汁液；胡萝卜、黄瓜切丝；葱切花。

② 将苹果汁、洋葱汁与其余和风沙拉酱材料混合均匀即做成和风沙拉酱。

③ 锅烧开水，下入荞麦面，煮熟，捞出放入碗中，放凉，将沙拉酱浇在上面，撒上胡萝卜丝、黄瓜丝、洋葱丝、葱花，吃时拌匀。

·营养贴士· 荞麦面含有赖氨酸与亚油酸，具有降血脂的功效。

·操作要领· 煮熟的荞麦面，可以放在冰水中冰镇 5~10 分钟，口味更佳。

朝鲜冷面

主 料 黄瓜1根，熟鹌鹑蛋1个，面条、白萝卜、辣白菜、牛肉各适量

配 料 辣椒面、香油、熟芝麻、蒜泥、洋葱丁、精盐、酱油各适量

·操作步骤·

① 牛肉切大块浸凉水洗净，放进凉水锅里用旺火煮开，撇去血沫，放入酱油、精盐，改微火炖熟，捞出晾凉后切丝，将牛肉汤稍过滤后放入容器内待用。

② 黄瓜去皮洗净切丝，白萝卜洗净切丝，辣白菜切片，煮鹌鹑蛋去壳切两半，蒜泥、辣椒面和水搅成糊状的蒜辣酱。

③ 将面条放入开水锅里煮熟，捞出放入凉水中过凉。

④ 将面条放入碗中，放上牛肉丝、辣白菜、黄瓜丝、洋葱丁、熟鹌鹑蛋，浇上蒜辣酱，浇上牛肉汤，撒上熟芝麻，淋上香油即可。

·营养贴士· 鹌鹑蛋具有补气益血、强筋壮骨的功效。

芥蓝汤面

主 料 芥蓝1棵，挂面300克，猪肉150克

配 料 食用油、酱油、葱花、食盐、味精各适量

·操作步骤·

① 准备所需主材料。

② 把葱切末，把芥蓝和猪肉切成丝。

③ 锅中放入食用油，油热后放入葱花炝锅，再放入肉丝、酱油、盐，翻炒至熟，盛出备用。

④ 锅内放入适量水，水开后，把挂面和芥蓝放入沸水中煮熟，倒入炒好的肉丝，煮沸后即可盛入碗中，撒上葱花即可食用。

·营养贴士· 芥蓝含有有机碱，能够刺激味觉神经，起到增进食欲的功效。

Chapter 3 爽滑的米线、粉类

炒米粉

主料 猪肉20克，香菇4朵，米粉、黄豆芽、胡萝卜各适量

配料 植物油、酱油、香油、葱、精盐、胡椒粉各适量

·操作步骤·

① 米粉泡软；豆芽洗净，去根；香菇泡发洗净，切片；猪肉、胡萝卜、葱洗净切丝备用。

② 锅倒入植物油浇热，放香菇爆香，加入猪肉丝、豆芽、胡萝卜丝及酱油、胡椒粉、香油、精盐一起拌炒，再加少量水继续煮开。

③ 将泡好的米粉放入汤汁中拌炒，使其均匀上色，约10分钟后加葱丝改小火炒至水分收干即可。

·营养贴士· 米粉具有补血益气、健脾养胃的功效。

炒通心粉

主料 通心粉300克，芹菜、胡萝卜、萝卜干各适量

配料 洋葱1个，精盐8克，蒜末5克，白砂糖3克，亨氏番茄沙司20克，蚝油、植物油各适量

·操作步骤·

① 锅中烧开水，放入通心粉，调入适量精盐，中火煮10分钟，捞入凉开水中浸凉后捞出；洋葱切宽条；芹菜洗净切段；胡萝卜洗净切条。

② 锅内倒植物油烧热，下蒜末爆香，加洋葱和番茄沙司翻炒，调入白砂糖，炒匀后加入芹菜、胡萝卜、萝卜干，翻炒均匀，调入蚝油炒匀，加入通心粉炒匀，最后调入少许精盐炒匀即可出锅。

·营养贴士· 炒通心粉具有护心、健脾与补肾的功效。

西蓝花通心粉

主 料 意大利通心粉450克，西蓝花1棵，胡萝卜1个，切好的新鲜欧芹、木耳各适量

配 料 橄榄油120克，大蒜2瓣，大蒜粉、磨碎的帕马森干酪、黑胡椒粉、精盐各适量

·操作步骤·

① 西蓝花洗净分切成小朵；胡萝卜洗净，切片；蒜剁碎；木耳泡发洗净，撕小片。

② 将意大利通心粉放入加了少许精盐的一大锅开水里，中偏大火煮到全熟有嚼劲，捞出沥干水分；在煮意大利通心粉的同时，把西蓝花放入沸水中焯一下直至菜软。

③ 取一个大的煎锅，倒入橄榄油预热，加胡萝卜炒至金黄，加入大蒜煎至金黄，再放入西蓝花、木耳炒匀，拌入新鲜欧芹、大蒜粉、精盐和黑胡椒粉调味。

④ 把煮好的意大利通心粉放入一个大碗里，放入炒好的胡萝卜、西蓝花混合物拌匀，上面撒上帕马森干酪即可。

·营养贴士· 通心粉富含镁元素，具有促进肠胃功能、助消化的功效。

·操作要领· 通心粉煮至有嚼劲最好，太软口感就差了。

牛肉米线

主料 熟牛肉150克，米线200克，牛肉汤1碗

辅料 辣椒油、香葱末、干辣椒、蒜片各适量

准备好所需主材料。

把熟牛肉切成片。

把牛肉汤放入锅中，放入蒜片、干辣椒、食盐，把米线放入煮熟。

把米线盛入碗中，放入辣椒油、牛肉片，撒上葱花即可。

营养贴士：米线具有健胃消食的功效，适合营养不良的人食用。

操作要领：米线的煮制时间不可过长。

肥肠
米粉

主 料 肥肠50克，鲜米粉300克，香芹适量

配 料 蒜末、红辣椒、葱花、鸡精、精盐、花椒粉、红油、植物油、料酒各适量

·操作步骤·

① 将肥肠处理干净，投入沸水锅中焯水至断生，捞起再次洗净，将肥肠下锅，熬成原汤；红辣椒、香芹切碎备用；米粉用清水洗干净。

② 拣出肥肠切成片，炒锅内放上植物油烧热，下蒜末炒香，放煮肥肠的原汤，再放料酒、精盐、鸡精、肥肠，煮沸3分钟后，打渣，盛入缸内。

③ 精盐、香芹、葱花、红油、鸡精、花椒粉、红辣椒末分别装入器具内待用。

④ 将米粉抓入竹丝漏子里，放入开水中烫热，倒入碗中，用精盐、香芹、葱花、红油、鸡精、花椒粉、红辣椒末调味，放入肥肠即成。

·营养贴士· 肥肠具有润燥补虚与止渴止血的功效。

·操作要领· 肥肠一定要清洗干净，否则会有异味，影响菜品。

湖南米粉

主料 米粉150克，榨菜丝、肉丝各少许

配料 味精、盐、干椒粉、葱花、酱油、杂骨汤、熟猪油各适量

·操作步骤·

① 肉丝、榨菜丝炒香，加杂骨汤，焖熟，待用。

② 取碗放入盐、味精、酱油、干椒粉、杂骨汤、熟猪油待用。

③ 锅烧开水，下入米粉，烫熟，捞出放入碗中，浇入肉丝汤，撒上葱花、干椒粉即成。

·营养贴士· 榨菜具有健脾开胃的功效。

凉皮

主料 食用面筋100克，牛筋面150克，胡萝卜半个，大米适量

配料 植物油5克，辣椒油、盐、醋各适量，香菜、蒜末、白芝麻各少许

·操作步骤·

① 大米洗净，用清水浸泡后磨制成浓稠合适的米浆，上笼蒸成米皮。

② 蒸好的凉皮稍微抹一些植物油防止粘住，切成条状。

③ 面筋切块，与牛筋面一起，加盐、辣椒油、醋、白芝麻、蒜末拌入凉皮，胡萝卜切丁，香菜切段，撒于其上即可。

·营养贴士· 凉皮具有养脾补心的功效。

荷兰粉

主 料 蚕豆粉 500 克

配 料 味精、精盐各 2 克，高汤 500 克，萝卜干、麻酱、豆瓣酱各适量

·操作步骤·

① 蚕豆粉用水调成稀糊，下入沸水中搅成羹状，倒在瓦钵里，冷却凝固后，切成骨牌状粉片；萝卜干切丁。

② 锅放高汤，下粉片用旺火烧开，盛入浅盆内，加麻酱、豆瓣酱、味精、精盐、萝卜干搅拌均匀即可。

·营养贴士· 蚕豆粉具有利湿消肿、止血解毒的功效。

·操作要领· 适当加一些黄瓜丝，口感更加鲜爽。

川北凉粉

主 料 凉粉200克

配 料 黑豆豉50克，豆瓣酱45克，菜油55克，白糖10克，鸡精3克，香油5克，食盐4克，醋30克，生抽20克，花生碎、蒜泥各少许

·操作步骤·

① 凉粉洗净，切成中等大小的块，摆放在盘中。

② 锅烧热放菜油，将豆瓣酱、黑豆豉放入锅中炒香，加入白糖、鸡精调味，盛出晾凉，随后加入醋、食盐、生抽、香油、蒜泥、花生碎拌匀，作为凉粉调料。

③ 将做好的调料浇在凉粉上即可。

·营养贴士· 黑豆豉具有和胃、驱寒以及缓解血栓症状的功效。

麻辣烫

主 料 青菜3棵，油豆腐、土豆、米粉各50克，鱼丸、豆腐皮各30克

配 料 麻辣烫底料1包，辣椒油适量，香菜少许

·操作步骤·

① 青菜、香菜洗净；土豆洗净切片；豆腐皮洗净切条；油豆腐切块。

② 锅中放入清水、麻辣烫底料烧开，将青菜、香菜、土豆、豆腐皮、油豆腐、米粉、鱼丸放入锅中煮5分钟左右捞出盛入汤碗。

③ 倒入辣椒油，将香菜点缀其上即成。

·营养贴士· 麻辣烫具有生热御寒、均衡饮食的功效。

酸辣粉

主 料 红薯粉丝 140 克，豆腐 1 块

配 料 食盐、味精、蒜、白砂糖、油麦菜、葱花、陈醋、黄豆酱、辣椒红油、香油、植物油各适量

·操作步骤·

① 锅中倒植物油烧热，放入豆腐块炸至两面金黄后捞出控油，晾凉后切成小块；油麦菜洗净焯熟；大蒜去皮，捣成蒜泥。

② 用开水把红薯粉丝煮至九成熟，捞出沥水，放入香油搅拌松弛，以免粘连在一起。

③ 将红薯粉丝、油麦菜、蒜泥倒入一个大盆中，调入陈醋、黄豆酱、食盐、白砂糖、味精、辣椒红油，搅拌均匀，撒上葱花即可。

·营养贴士· 酸辣粉具有养血驻颜、祛病延年的功效。

·操作要领· 捞出的红薯粉也可以放一勺肉汤，味道更好。

包菜炒粉

主 料 河粉350克，包菜150克，鸡蛋2个

配 料 植物油100克，料酒、干红辣椒、精盐、味精、姜丝、葱丝各适量

·操作步骤·

① 将鸡蛋磕在碗里，放入料酒、精盐，搅散，入锅煎熟，划成小块，盛起备用；包菜切丝。

② 锅内放底油，油烧热后，放入葱丝、姜丝和辣椒，炒出香味后加入包菜丝均匀翻炒，然后加入河粉。

③ 河粉炒至八成熟时加入鸡蛋翻炒，放入精盐、味精调味，翻炒均匀即可。

·营养贴士· 包菜富含钾、维生素C和叶酸，适合怀孕的妇女与贫血患者食用。

白椒泡菜炒米粉

主 料 白椒泡菜100克，米粉450克

配 料 食用油、辣酱、红椒、蒜粒、洋葱、精盐、白糖、水发紫菜各适量

·操作步骤·

① 锅上火坐水，加入少许精盐和油，水开后再放入米粉煮熟捞出，控干水分备用；红椒洗净，切丝；水发紫菜撕成丝；洋葱切片。

② 热锅凉油放入蒜粒、泡菜、洋葱、红椒、水发紫菜，加入辣酱、精盐、白糖，调出香味之后倒入煮熟的米粉，搅拌均匀以后调成大火，炒出干香的口感即可关火出锅。

·营养贴士· 泡菜具有杀菌、促进消化的功效。

小锅米线

主料 干米线200克，猪肉末50克，豆腐1块

配料 猪骨汤150克，生抽30克，香葱、精盐、味精、辣椒油、鸡肉酱汤、植物油各适量

·操作步骤·

① 香葱洗干净，切成3厘米长的段；干米线用开水煮15分钟，冲洗干净后用冷水泡1小时，沥干水分备用；豆腐切块，放开水中焯一下，捞出备用。

② 锅中放植物油，将肉末下锅煸炒，水分炒干至熟，将油去净，放入猪骨汤煮沸；放入煮好的米线、香葱段，倒入生抽，大火煮2分钟，放精盐、味精，淋上辣椒油，盛入碗中，放上豆腐块，放入鸡肉酱汤拌匀即可。

·营养贴士· 猪骨汤具有健脾养血、益阴除烦的功效。

·操作要领· 没有猪骨汤，也可以用水代替。

牛肉炒河粉

主 料 干河粉 50 克，牛肉 50 克，绿豆芽 100 克

配 料 食用油、料酒、生抽、淀粉、胡椒粉、葱、姜、蒜、盐各适量

·操作步骤·

① 干河粉用热水泡软后，放在凉水中浸泡。

② 牛肉用刀背敲一敲，然后切片，放料酒、生抽、淀粉、胡椒粉腌一下；葱、姜、蒜切末待用。

③ 热油入锅，把牛肉片滑炒一下，变色后出锅。

④ 继续放油，放入葱、姜、蒜末炒出香味后，加绿豆芽，炒软后，放入泡软的河粉，大火快炒，加生抽、盐，放入牛肉，收汁，盛到盘中即可。

·营养贴士· 河粉具有补充能量、安神除烦的功效。

·操作要领· 牛肉在腌制的时候也可以适当放一点儿水和黄酒，这样做出来的牛肉更嫩。

Chapter 4 鲜美可口的包子

素包子

主料 面粉300克，卷心菜1/2个，香菇10朵，胡萝卜50克，黑木耳10克，魔芋丝1包，鸡蛋2个

配料 精盐、姜末、鸡精、香油、白胡椒粉、植物油、枸杞各适量

·操作步骤·

① 面粉揉成面团醒好。

② 卷心菜、胡萝卜、香菇、黑木耳切碎，魔芋丝稍微切一下，鸡蛋多放油炒散，一起混匀成馅，并放入香油、姜末、精盐、鸡精、白胡椒粉、植物油调味。

③ 将发好的面揉均匀，分成小剂子，包入馅料，把枸杞放在包好的包子上。

④ 包好的包子放入蒸锅醒15分钟左右，冷水上屉蒸，蒸好以后不能马上掀盖子，稍微冷了以后再开盖。

·营养贴士· 卷心菜具有抑菌消炎的功效，对溃疡有着不错的治疗作用。

黏豆包

主料 黄米面、干面粉、桂花酱、红小豆各适量

配料 酵母粉、白糖、植物油各适量

·操作步骤·

① 将黄米面放入盆中，加入300克60℃的温水，将其和成面团，待凉后，把酵母粉用水化开，再加入干面粉，倒入黄米面中和匀，醒几个小时。

② 红小豆淘洗干净，放入高压锅中压15分钟，压好后开盖加入白糖、少许植物油，用力将红豆捣碎，放入适量桂花酱搅拌成豆沙。

③ 将面团取出制成包子皮，包好豆沙馅，入锅蒸12 ~ 15分钟即可。

·营养贴士· 桂花酱具有化痰、止咳与平喘的功效。

牛肉包子

主 料 牛肉（肥瘦）250 克，洋葱（白皮）200 克，小麦面粉 500 克

配 料 葱汁、姜汁各 50 克，盐 8 克，味精 2 克，白砂糖 15 克，酱油 5 克，香油 5 克，植物油 40 克，泡打粉、酵母各 5 克

·操作步骤·

① 将面粉、干酵母粉、泡打粉、白砂糖放盛器内混合均匀，加水 250 克，搅拌成块，用手揉搓成团，反复揉搓至光洁润滑。

② 牛肉洗净绞馅，加植物油、盐、味精、酱油、香油拌匀，分次加入葱汁和姜汁，顺时针方向搅拌上劲，直至牛绞肉完全吃足水上劲。

③ 将洋葱切末，放入盛器中，再加入已上劲的牛肉馅，搅拌均匀，备用。

④ 将发好的面团分小块，再擀成面皮，包入馅，捏好，以常法蒸熟即可。

·营养贴士· 牛肉富含蛋白质，能够提高机体免疫力，而且还具有暖胃功效，在冬季是补益佳品。

·操作要领· 要以旺火蒸制，中途不能揭盖，蒸出的包子才会饱满蓬松。

糖三角

主 料 大酵面面团、碱面、熟面粉各适量

配 料 红糖适量

·操作步骤·

① 红糖、熟面粉拌匀，制成糖馅备用。

② 将大酵面面团兑好碱面，充分揉均匀，揪成大小均匀的剂子，擀成中间厚、四周薄的面皮，每个面皮内包入30克红糖馅，收口成三角形状的坯子。

③ 把生坯放入笼屉内醒10分钟左右，用旺火蒸20分钟出笼即可。

·营养贴士· 糖三角具有活血化瘀、益气补血、健脾暖胃的功效。

豆沙包

主 料 中筋面粉250克，红豆沙240克

配 料 酵母3克，植物油少许

·操作步骤·

① 将中筋面粉、水、干酵母混合和面，揉成一个光滑的面团，放于盆中，包上保鲜膜，发酵至2倍大。

② 取出排气，重新揉圆，将面团分成约30克一个的剂子，擀成圆形面皮。

③ 掌心抹油，将豆沙搓成约20克一个的圆形小球，将豆沙置于面皮中间，包成圆形包子状，收口朝下，制成包子生坯，盖上保鲜膜醒发10分钟左右。

④ 将包子放入蒸锅中，盖上锅盖，大火烧开后转中火，蒸15分钟左右即可。

·营养贴士· 豆沙包能够化湿补脾，适合脾胃虚弱的人食用。

白菜猪肉包

主 料 面粉 250 克，猪绞肉 300 克，白菜 200 克

配 料 酵母 5 克，植物油、香油、酱油、精盐、花椒粉、姜末、葱末各适量

·操作步骤·

① 将面粉、酵母、温水混合，和面，揉成光滑面团，发酵至 2 倍大。

② 将面团排气，分割成 2 份，分别揉成长条，切成小剂子，擀成圆形面皮。

③ 发酵的同时，在猪绞肉中放入姜末、葱末、花椒粉、植物油、精盐、香油、酱油，搅拌至充分融合；将白菜洗净剁碎攥干水分，放入肉馅中拌匀。

④ 将拌好的馅料放在面皮上，包成包子，放入蒸锅中，先醒 15 分钟，开大火至锅开后转中火，冒汽约 15 分钟后即可。

·营养贴士· 白菜猪肉包能够改善缺铁性贫血，具有补血益气的功效。

·操作要领· 拌肉馅时要顺一个方向搅动。

猪肉生煎包

主 料 面粉500克，猪肉馅150克

配 料 植物油、骨头汤、酱油、料酒、香油、葱末、姜末、精盐、胡椒粉、味精、白糖、泡打粉各适量

·操作步骤·

① 面粉加泡打粉和水揉成面团，醒发备用。

② 猪肉馅中加入姜末、胡椒粉、酱油、植物油、精盐、味精、白糖、骨头汤、料酒、香油搅拌均匀，最后加入葱末拌匀备用。

③ 面团取出揪成等量剂子，包馅制成包子，表面抹一点水，待煎锅中的植物油烧至六成热时放入，底部煎至微黄翻转过来，两面都微黄后，冲入热水，没过包子的1/3，加盖焖3分钟即可。

·营养贴士· 猪肉生煎包具有补血益气的功效。

包罗万象

主 料 中发面400克，什锦蜜饯250克，玫瑰蜜饯、酥腰果碎粒各30克，桂圆肉、葡萄干各25克，熟芝麻20克，炒面粉适量

配 料 白糖、食用碱、熟鸡油、色拉油各适量

·操作步骤·

① 将中发面中加入少许食用碱，均匀揉成面团待用。

② 桂圆肉、葡萄干洗净，置菜板上与玫瑰蜜饯和什锦蜜饯一同切成细末，拌上白糖、炒面粉、熟鸡油、熟芝麻、酥腰果碎粒成糖馅待用。

③ 将面团搓成条，扯成10个剂子，按成扁圆，分别包上备好的糖馅。

④ 锅置旺火上，加清水烧沸，将小笼抹上少许色拉油，放上备好的包子，上笼蒸至熟透，上桌即可。

·营养贴士· 桂圆具有补血安神、健脑益智和防衰老的功效。

肉末
豆角包

主料 豆角、胡萝卜、里脊肉、淀粉、面粉、酵母粉各适量

配料 盐、糖、生抽、老抽、食用油、碱面水各适量

·操作步骤·

① 里脊肉切丁，加少许水、生抽、盐拌匀，停20分钟左右加少许淀粉拌匀，再加点儿食用油拌一下；豆角切碎备用，胡萝卜切丁备用。

② 炒锅放油，油温热时把肉丁放入翻炒，变色后加少许老抽上色，然后加豆角和胡萝卜，加少许水翻炒至熟，然后加盐、糖调味，盛出装在碗里，即成包子馅。

③ 面粉内加酵母粉、温水和成面团发酵，再加碱面水揉匀，醒20分钟待用，将面团搓成长条，切成小剂子，再将小剂子压成面片，包入包子馅，捏好。

④ 将捏好的包子放入蒸笼蒸熟即可。

·营养贴士· 肉末豆角包具有补肾养血、滋阴润燥的功效。

·操作要领· 里脊肉加调料拌匀后，稍等一会儿更入味。

山楂包

主 料 山楂 50 克，面粉 200 克

配 料 酵母 30 克，白糖适量

操作步骤

准备所需主材料。

将山楂洗净后放入碗内，然后放入白糖，上锅蒸制全熟。出锅后将山楂核去除，把山楂肉捣碎成山楂泥。

将面粉用酵母发酵后揉成面团。

将面团擀成小面皮，把山楂泥放入面皮内包成包子，上锅蒸熟即可。

营养贴士：山楂具有祛脂降压、消食的功效。

操作要领：山楂蒸制时间要长些。

粗粮枣泥包

主料 特精粉500克，燕麦100克，枣泥馅400克

配料 牛奶250~300克，酵母5克，食用油适量

·操作步骤·

① 酵母从冰箱取出，放置在室温状态下，牛奶加热到30℃左右，倒进酵母中，把酵母溶化，静置10分钟。

② 把特精粉、燕麦放入面盆中，慢慢倒入牛奶酵母，边倒边搅拌成絮状，揉成光滑面团，发酵至两倍大，取出揉光排气，二次发酵15分钟，再拿出揉光。

③ 把面团均匀分成12个剂子，擀面皮，每个放入30克左右的枣泥馅团，收口，转圈整形。

④ 在蒸屉涂一层食用油，放入枣泥包静置15分钟后，放进已经上汽的蒸锅中，盖好盖子，中火15分钟，再关火虚蒸3分钟即可。

·营养贴士· 粗粮枣泥包具有收敛止血、美颜养容的功效。

·操作要领· 在蒸屉涂一层食用油，可以防止面粉粘连。

黑米包

主 料 发酵面团 500 克，黑米 300 克

配 料 白糖适量

·操作步骤·

① 将黑米蒸熟，加入白糖搅拌均匀，晾凉。

② 取发酵面团搓条，下剂，擀皮。

③ 用勺子将黑米包入皮内，做成烧卖形状的包子生坯，醒发后上笼，以旺火蒸 10 分钟即成。

·营养贴士· 黑米具有改善缺铁性贫血、降血压的功效。

菜团子

主 料 面粉 200 克，玉米面 100 克，东北酸菜 1 袋

配 料 酵母粉 5 克，植物油、精盐、葱末、鸡精、香油、姜粉、五香粉、猪油渣各适量

·操作步骤·

① 玉米面和面粉掺和后，加酵母粉和水揉成光滑的面团，醒发至 2 倍大。

② 东北酸菜用水清洗攥干后切成碎末，猪油渣切成碎末放到碎酸菜中，放入葱末、姜粉、五香粉、精盐、鸡精、植物油、香油等调料拌匀制成菜馅；发好的面团切成剂子，用手压扁后包入菜馅，收口团好。

③ 将包好的菜团子放入笼屉，冷水上锅，中小火烧 10~15 分钟，转大火烧开后旺火蒸 10 分钟即可。

·营养贴士· 东北酸菜具有开胃提神、醒酒去腻的功效。

三鲜包子

主料 干面粉、鸡蛋、胡萝卜、粉条、水豆腐、韭菜各适量

配料 酵母粉 1 克，泡打粉 2 克，精盐、植物油各适量

·操作步骤·

① 韭菜洗净，沥干水，切段；鸡蛋打散；水豆腐和胡萝卜切小丁；粉条提前泡软切碎，将以上材料混合在一起，加植物油、精盐等调料搅拌均匀。

② 干面粉加酵母粉和泡打粉，加入 40℃的温水，揉成一个光滑的面团，醒一会儿。醒好后继续揉，将里面的气泡揉出后，揉成长条状，切成小剂子。

③ 把小剂子擀成中间厚四周薄的面片，把馅料包进面片中，捏紧收口；在篦子上刷一层植物油，冷水大火上锅蒸，冒汽后继续大火蒸 5 分钟，再转小火 25 分钟后关火，焖 5 分钟开盖即可。

·营养贴士· 三鲜包子具有提高机体免疫力、补充维生素、补肾温阳的功效。

·操作要领· 干面粉一定要选用适合包包子的面粉，不可用饺子粉和高筋粉。

虾仁水煎包

主 料 中筋面粉300克，猪肉350克，虾仁80克，韭菜130克

配 料 酵母3克，老抽、油各10克，精盐、黑胡椒各适量

·操作步骤·

① 韭菜洗净切成末；猪肉剁成肉末，与虾仁混合，加入老抽、精盐、黑胡椒等调味，用手抓匀。

② 面粉中加入酵母和水，揉到面团表面光滑，发酵至原来的2倍大，取出再次揉匀，在案板上撒适量面粉防粘，把面团搓成长条形，平均切割成面剂，擀成圆形，包适量馅儿包好，包子放一边醒30分钟。

③ 平底锅倒入油，包子整齐排入，开中火煎出煎包底皮，15克面粉加250克水兑开成面粉水，慢慢倒入煎锅中，盖上锅盖，中火慢煎至水全蒸发即可。

·营养贴士· 虾仁水煎包含有高蛋白，而且还含有丰富的微量元素，对身体健康极为有益。

素炸响铃

主 料 黄豆100克，面粉100克，黄豆芽50克，胡萝卜30克，香菇30克，冬笋20克，韭菜15克，淀粉适量

配 料 植物油、盐、蚝油、砂糖、生抽各适量

·操作步骤·

① 黄豆制成稠豆浆，凉后与面粉和成稀面糊；黄豆芽掐去两头洗净待用；胡萝卜、香菇、冬笋均切丝；韭菜洗净切段。

② 平底锅微火烧热，倒入植物油，倒入面糊，摊成一个圆饼皮。

③ 另起锅放植物油烧热，放入黄豆芽、胡萝卜丝、香菇丝、冬笋丝、韭菜段烹炒，加蚝油、砂糖、生抽、盐调味，炒匀，最后勾薄芡出锅，待凉。

④ 将炒好的馅料裹入黄豆皮内，包成三角形，入油锅炸成金黄色捞出沥油，装盘即可。

·营养贴士· 蚝油含锌元素丰富，适合缺锌的人食用，而且蚝油具有防癌抗癌、增强免疫力的功效。

奶黄包

主料 面粉250克，鸡蛋适量

配料 白糖75克，黄油40克，奶粉25克，吉士粉、澄粉各10克，干酵母3克

·操作步骤·

① 黄油软化用打蛋器搅打至顺滑，加白糖搅打至发白，分3次加入打散的鸡蛋，搅打均匀，即成奶黄馅。

② 所有的粉类混合过筛，加入盆中拌成均匀的面糊，上锅蒸30分钟，蒸好后搅散翻压至光滑平整，冷藏60分钟以上。

③ 面粉里放入酵母，揉合成光滑的面团，包上保鲜膜发酵至2倍大，重新揉圆，将面团搓长条分小剂子，擀成圆形面皮，取奶黄馅搓成圆形，置于面皮中间包好，收口朝下即成。

④ 蒸锅水烧上汽，放入包子，盖锅盖，大火蒸15分钟左右即可。

·营养贴士· 奶黄包营养丰富，适合营养不良、体虚、气血不足的人食用。

·操作要领· 吉士粉可以增加颜色鲜艳度以及奶馅的香味，澄粉可以增加馅料的黏合度。

三鲜烧卖

主料 面粉500克，肉馅200克，糯米250克，水发香菇、水发木耳各100克，虾仁100克

配料 葱末、姜末、精盐、酱油、鸡精、五香粉、香油、植物油各适量

·操作步骤·

① 把木耳、香菇和虾仁剁成碎，加入肉馅，再加入葱末、姜末、酱油、精盐、鸡精、香油、五香粉搅拌均匀；糯米提前用清水浸泡一夜，控水，与馅料拌匀。

② 面粉加入适量的水揉成面团，醒30分钟，分成大小均匀的面团，再分别擀成中间厚、外围薄的面片，把外边压出荷叶边褶皱，中间放入馅料，用拇指和食指握住烧卖边，轻轻收一下。

③ 蒸锅注入水烧开，屉上抹上植物油，放入烧卖，大火蒸10分钟。

·营养贴士· 三鲜烧卖具有排毒养颜、养胃健脾的功效。

麻团

主料 糯米粉250克，白芝麻80克，红豆沙80克

配料 白糖50克，泡打粉1克，色拉油适量

·操作步骤·

① 白糖放入碗里，加温水搅拌至溶化，筛入糯米粉和泡打粉，加5克色拉油和适量温水，拌匀后和成光滑的面团，将面团分成等量的剂子，取一个按扁后包入红豆沙，搓成圆球。

② 搓好的圆球放在盛有芝麻的碗里，多滚几圈，使其均匀裹上芝麻，最后再用手团紧按压一下，防止芝麻掉下。

③ 锅中倒入色拉油，六成热时放入麻团，小火炸约15分钟，炸的过程中要不停地用铲子翻动麻团，使其均匀受热，等麻团体积变大浮起来，呈金黄色时捞出，再用厨房纸巾吸掉多余油分即可。

·营养贴士· 白芝麻含有亚油酸，可以调节胆固醇，它还含有丰富的维生素E，可以防止多种皮肤炎症。

珍珠罗

主 料 精面粉550克，猪肉500克，叉烧肉100克，水发香菇75克，水发玉兰片250克，糯米适量

配 料 葱花100克，绵白糖300克，味精、白胡椒粉各5克，湿淀粉50克，酱油125克，精盐15克，熟猪油300克

·操作步骤·

① 糯米浸泡4小时，洗净、沥水，入蒸笼用旺火蒸约15分钟，洒一次水，将米饭搅散，再蒸10分钟，再洒一次水，待糯米充分涨发和膨松，再蒸20分钟，取出放入盆内；水发香菇、水发玉兰片、猪肉、叉烧肉均切小丁。

② 炒锅内加50克熟猪油，下猪肉丁、香菇丁、叉烧肉丁、玉兰片丁炒至七成熟，放酱油、精盐、味精、清水焖至熟透，倒入盛糯米饭的盆内，加200克熟猪油拌成馅料。

③ 面粉用水和匀揉透，摘成剂子，擀成薄圆皮，放上馅料，将圆皮捏拢，使边沿成喇叭口，制成生坯，逐个排放在瓷盘中，入笼蒸约10分钟取出。

④ 炒锅内加50克熟猪油、绵白糖、葱花和清水，迅速用手勺推动，用湿淀粉勾成浓芡，撒入白胡椒粉，淋在珍珠罗上即可。

·营养贴士· 珍珠罗具有提高免疫力、强身健体、养胃健脾的功效。

·操作要领· 入笼蒸时要用沸水、旺火速蒸。

葱煎包

主 料 面粉300克，肉馅250克，酸菜150克

配 料 白芝麻、生姜、葱、水淀粉、芝麻油、生抽、蘑菇精、胡椒粉、精盐、植物油各适量

·操作步骤·

① 将面粉加水揉成面团，发好；肉馅中加适量植物油、精盐、芝麻油、生抽、淀粉、蘑菇精、胡椒粉，朝一个方向搅拌上劲，腌20分钟；酸菜切碎，生姜切末，葱切花，都放入腌好的肉馅中搅拌均匀。

② 将发好的面团揉压排气后搓条，分成小剂子，擀成面皮，包入馅料，最后收口时留下一个小口，将包好的包子盖上湿润的纱布醒20分钟。

③ 包子上屉，大火蒸12分钟后关火，稍等后取出包子，底部刷油沾一层芝麻，顶部的褶子撒上葱花。

④ 平底锅热油，放入沾好芝麻的包子，小火将底部煎黄即可。

·营养贴士· 生抽不仅调色调味，还能适当补充铁元素。

·操作要领· 煎包子时火不可太大，以免烧焦。

鲜香的饺子、馄饨

Chapter 5

素水饺

主料 小麦粉500克，胡萝卜、香干各50克，香菜100克，面筋40克，黄花菜10克，木耳20克，白菜250克

配料 姜、精盐、酱油、味精、芝麻酱、橄榄油各适量，香芋汁少许

·操作步骤·

① 木耳、黄花菜提前用冷水泡发后洗净切碎；小麦粉加香芋汁和适量水和成面团醒发；白菜洗净剁碎，挤干水分；胡萝卜洗净擦成丝；香干、面筋切成丁；香菜洗净切碎；姜切碎；用芝麻酱、酱油、精盐、味精、橄榄油调好汁。

② 所有食材置于盆中，拌均匀，倒入调味汁，搅拌均匀成水饺馅。

③ 将面团做成大小均匀的面剂，擀成片，做水饺皮，水饺皮中间放馅包好，放入开水锅中煮熟即可。

·营养贴士· 黄花菜具有清热利尿、解毒消肿的功效。

玉米面水饺

主料 富强粉200克，细玉米面100克，猪肉馅300克，酸菜丝250克，粉丝1小把

配料 植物油、香油、精盐、五香粉、葱花各适量

·操作步骤·

① 细玉米面中倒入适量开水，用筷子搅成小疙瘩，揉搓成团，倒入富强粉，加适量水，揉成面团，醒一段时间。

② 酸菜丝和泡软的粉丝剁成碎末，放入猪肉馅，加入植物油、香油、五香粉、葱花、精盐，制成肉馅。

③ 将醒好的面团做成小剂子，擀成皮，包上肉馅，包成饺子，下水煮熟即可。

·营养贴士· 五香粉气味芳香，具有消炎利尿、健脾温中以及增强免疫力的功效。

三鲜水饺

主 料 猪肉末 300 克，虾仁 150 克，韭菜 200 克，鸡蛋 2 个，面粉适量

配 料 植物油、精盐、鸡精、料酒、香油、姜末、白糖各适量

·操作步骤·

① 猪肉馅中加姜末，分次少量地加水，顺一个方向搅拌，直至肉末富含水分，变得黏稠上劲，加鸡蛋和适量的植物油、精盐、白糖、鸡精、料酒再充分搅匀，再加适量的香油，再搅匀；将虾仁洗净，切大粒，加入猪肉末中搅匀；韭菜切碎，加猪肉末中搅匀即成肉馅。

② 将面粉和成面团，醒好，分别搓成长条，下剂，撒上面粉，用手按压成圆饼，擀成中间厚，四边薄的饺皮，将馅料包入饺皮，捏成饺子。

③ 锅内放水烧开，加 5 克精盐，下入饺子，煮开快溢锅时，加凉水，如此 3 次，再揭锅盖略煮即成。

·营养贴士· 三鲜水饺具有提高机体免疫力、补充维生素、补肾温阳的功效。

·操作要领· 煮饺子时，在水里放一棵大葱或在水开后加点盐，然后再放饺子，煮出来的饺子味道鲜美且不粘连。

素三鲜水饺

主 料 面粉500克，芹菜400克，黑木耳100克，小西红柿200克，鸡蛋3个

配 料 花生油25克，香油10克，精盐、味精、葱末、姜末、胡椒粉各适量

·操作步骤·

① 先把芹菜洗净，放到热水中焯一下，过凉水后滤干水分，切成丁剁碎；鸡蛋磕到碗里，打成蛋液。锅里放花生油，将鸡蛋液炒熟炒碎；木耳浸泡，洗净剁碎。

② 芹菜、鸡蛋、木耳放到盆里；小西红柿洗净，切碎放到盆里；放入葱末、姜末，香油、精盐、胡椒粉、味精调匀。

③ 面粉加凉水和成面团，醒20分钟；擀成均匀大小的饺子皮，放入馅料，包成饺子。

④ 锅里放水烧开，放入饺子，用勺子沿锅边慢推，以免粘锅底；开锅后倒入适量凉水，看到饺子膨胀漂浮起来即可。

·营养贴士· 素三鲜水饺具有益气润肺、止血凉血、活血养颜的功效。

猪肉大葱水饺

主 料 面粉、猪肉馅、大葱各适量

配 料 姜片、八角、花椒、生抽、老抽、精盐、花生油、香油各适量

·操作步骤·

① 将面粉和成稍软的面团，放入容器中盖湿布或者保鲜膜醒30分钟；大葱切成葱花。

② 热锅加花生油、姜片、八角、花椒，小火炝香，捞出关火，待油温稍降，加入葱花稍炸，盛出倒入肉馅中，加生抽、老抽、精盐拌匀，分几次打入凉水，每次不宜多，顺着一个方向搅一段时间再加下一次，最后加入香油，馅料即成。

③ 醒好的面滚长，切成小剂子，撒干面粉，按扁，然后擀开，中间稍厚，边缘薄。

④ 将饺子包好，下沸水锅煮熟即可。

·营养贴士· 八角主要含茴香油，能够促进消化液分泌，具有健胃行气的功效。

韭菜猪肉水饺

主 料 面粉500克，猪肉300克，韭菜450克，鸡蛋1个

配 料 葱10克，姜5克，精盐3克，花生油30克，胡椒粉、味精各2克，甜面酱50克，香油5克，生抽10克，料酒15克，老抽适量

·操作步骤·

① 韭菜择洗干净，切碎；葱、姜切成碎末备用。

② 猪肉切成小块后剁碎，加料酒、老抽、生抽、甜面酱调匀，制成肉馅。

③ 在容器内放入韭菜、葱末、姜末，再磕入一个鸡蛋，放入肉馅，加花生油、精盐、胡椒粉、味精、香油调匀，制成饺子馅。

④ 面粉加凉水和成面团，醒10分钟揉匀，搓成长条，揪成大小均匀的剂子，擀成饺子皮，包进饺子馅，捏成饺子，下锅煮熟即可。

·营养贴士· 韭菜猪肉水饺具有益肝健胃、补肾温阳、提高身体免疫力的功效。

·操作要领· 煮的时候要分三次添加凉水，看到饺子膨胀漂浮起来即可捞出食用。

鸡肉水饺

主料 面粉500克，鸡胸脯肉250克，黑木耳25克，草菇50克

配料 香菜25克，葱末、姜末、香油、花生油、精盐、黄酱、西瓜汁各适量

·操作步骤·

① 用冷水、西瓜汁将面粉和成面团；将黑木耳、草菇用热水泡开剁碎；香菜切成末。

② 将鸡胸脯肉剁成末，加入葱末、姜末、黄酱、精盐、花生油、香油拌匀；在肉馅中加少量水，再加入木耳、草菇、香菜末拌匀。

③ 将面团搓成长条，做成60个剂子，包上馅，待水开后煮熟即可。

·营养贴士· 草菇能够补脾益气、护肝健胃、消食去热，还是糖尿病患者的佳品。

虾仁黄瓜水饺

主料 鸡蛋2个，黄瓜2根，冷水面团、虾仁各适量

配料 生油适量，精盐、味精各少许

·操作步骤·

① 鸡蛋磕入碗中搅匀，入油锅中炒碎，取出；黄瓜洗净，切成碎末；虾仁去虾线，洗净。

② 炒鸡蛋碎中，加入黄瓜末、虾仁末、生油、精盐、味精，搅匀成馅料。

③ 取冷水面团搓条，下剂，擀皮，包入馅料，做成水饺生坯。

④ 锅内加水烧开，下入水饺生坯，煮熟即可。

·营养贴士· 黄瓜能够降血糖，其含有的纤维素能够促进肠胃蠕动，有助于排出废物，降低胆固醇。

鲅鱼
水饺

主料 鲅鱼2条，五花肉250克，韭菜1把，面粉适量

配料 精盐4克，姜末5克，料酒2克，生抽10克，香油6克，葱油8克，花椒适量

·操作步骤·

① 鲅鱼洗净，清理干净腹腔内的黑色物，剔净鱼刺，将鱼刺、鱼皮以及筋络全部扔掉。

② 剔下来的鱼肉和五花肉剁碎拌匀，放入稍微大点的容器中。

③ 花椒放入碗中，冲入开水搅拌几下，放凉后加生抽、料酒，每次以少量倒入鱼肉和五花肉的混合物中，按一个方向不停搅拌，直至馅料湿黏即可。

④ 在搅好的馅中加葱油、精盐、姜末拌匀，再加入切成碎末的韭菜和香油拌匀。

⑤ 面粉与水混合，和面揉成光滑的面团，包上保鲜膜，醒30分钟，将醒好的面揪成剂子，擀成饺子皮，包入拌好的馅，放入开水锅中煮至饺子膨胀漂浮即可。

·营养贴士· 鲅鱼具有补气平咳、防治贫血的功效。

·操作要领· 加韭菜后不要搅拌太厉害，以防破坏韭菜的口感。

玉米面蒸饺

主 料 细玉米面200克，饺子粉50克，肉馅200克，青椒1个

配 料 虾皮30克，葱末、姜末各10克，精盐、鸡精各6克，酱油、香油各7克，甜面酱5克，熟植物油20克，花椒粉适量

·操作步骤·

① 青椒洗净，剁碎，挤去水分与肉馅、虾皮混合，加入葱末、姜末、精盐、鸡精、酱油、香油、甜面酱、熟植物油、花椒粉拌匀成馅；饺子粉和玉米面用热水揉合成面团，醒一会儿。

② 案板上撒上饺子粉，将玉米面团揉成条，揪成小剂子，按扁，擀成皮，包入馅料包成饺子坯，上笼用旺火蒸15分钟即成。

·营养贴士· 鸡精具有提高免疫力、消食、健脑的功效。

牛肉荞麦蒸饺

主 料 荞麦面粉、牛肉、荸荠、熟肥肉各适量

配 料 精盐、葱、白糖、酱油、胡椒粉、植物油各适量

·操作步骤·

① 把荞麦面粉、精盐、100克热水、100克冷水混合在一起，揉搓成荞麦面团，再分成多个小面团，擀成饺子皮。

② 牛肉去筋后剁烂；荸荠、熟肥肉、葱都切成小粒。

③ 牛肉中加入荸荠、葱粒、白糖、酱油、精盐、胡椒粉、植物油，搅拌成胶状，再加入肥肉搅拌均匀，静置约30分钟，制成肉馅。

④ 荞麦面皮中包入适量的馅，捏好封口，包成饺子。

⑤ 把包好的饺子放在抹过植物油的蒸笼中，用大火蒸8分钟，熟透即可。

·营养贴士· 荸荠具有清肺热、化痰、消食的功效。

红油水饺

主 料 面粉 500 克，瘦猪肉 350 克

配 料 盐 10 克，花椒 3 克，花椒面 2 克，白糖 75 克，香油 3 克，红油辣椒、酱油各 150 克，姜 15 克，蒜泥 50 克，葱末 50 克，味精、花生油适量

·操作步骤·

① 面粉加水，搅匀揉透，搓成圆条，切成 100 个剂子，擀成薄皮。

② 猪肉去筋，剁成肉末；姜切成末（加水）挤汁；花椒开水泡后挤汁；将猪肉末、花生油、花椒面、味精、盐、葱末、姜汁、花椒汁混合搅匀成馅。

③ 捏饺子，锅内水开后下饺子，用汤勺轻轻沿锅边推搅，煮 6~7 分钟，饺子浮起，皮起皱即熟，捞起盛盘。

④ 每个碗内加蒜泥、葱末、白糖、香油、红油辣椒、酱油、味精，拌成红油蘸料，分别放在盘边即可上桌。

·营养贴士· 红油水饺能够增进食欲，还能为人体提供碳水化合物与蛋白质。

·操作要领· 煮饺子时，饺子浮起后，加少许冷水继续煮至浮起，饺子口感更好。

地瓜面蒸饺

主 料 猪肉500克，面粉300克，地瓜粉200克，四季豆300克，水发木耳100克

配 料 葱末30克，姜末20克，酱油5克，精盐3克，味精2克，植物油30克

·操作步骤·

① 猪肉切成丁，放入油锅中加葱末、姜末、酱油炒熟；木耳择洗干净后切成末；四季豆用水煮过后切末，与肉丁、木耳末、精盐、味精、植物油搅匀成馅。

② 面粉200克与地瓜粉200克用开水烫过和匀，醒60分钟，将面粉100克用凉水和匀，与烫面一起和匀，做成剂子，擀成皮，包上肉馅，捏上褶子成蒸饺，入笼蒸熟即可。

·营养贴士· 四季豆具有健脾胃、消暑清口、美容减肥的功效。

荞麦面蒸饺

主 料 荞麦面粉200克，猪肉、豆角各适量

配 料 花生油、精盐、葱末、酱油、蚝油、香油、糖各适量

·操作步骤·

① 荞麦面粉加少许的精盐，用烧开的水把面粉烫透，和好面团，醒20分钟。

② 豆角洗净，放入蒸锅蒸熟，取出剁碎；猪肉剁碎，放入豆角碎、花生油、精盐、葱末、酱油、蚝油、香油、糖一起拌匀成馅料。

③ 面团揉至光滑，切成大小一样的剂子，擀成圆皮，放入馅料包成饺子坯，放入蒸锅蒸10分钟左右即可。

·营养贴士· 荞麦面蒸饺具有降低血脂和血清胆固醇的功效。

黄金蒸饺

主 料 面粉500克，猪肉300克，韭菜500克，南瓜200克，鸡蛋1个

配 料 葱10克，姜5克，胡椒粉、味精各2克，甜面酱30克，精盐5克、香油5克，生抽10克，料酒15克，花生油、生抽、老抽各适量

·操作步骤·

① 韭菜择洗干净，切碎；葱、姜切成碎末，备用；将南瓜去皮、去瓤，蒸熟后压碎成糊状。

② 猪肉切成小块后剁碎，添加料酒、老抽、生抽、甜面酱调匀。

③ 韭菜、葱末、姜末磕入一个鸡蛋，放入肉馅，加花生油、精盐、胡椒粉、味精、香油调匀。

④ 南瓜糊与面粉混合，和成光滑面团，盖上保鲜膜静置30分钟揉匀，搓成长条，揪成大小均匀的剂子，擀成饺子皮，包进肉馅，捏成饺子，上笼屉蒸熟。

·营养贴士· 南瓜具有治疗前列腺肥大、防治动脉硬化的功效。

·操作要领· 在混合完南瓜糊和面粉后，要先倒入沸水烫一下面团，然后再加冷水和面。

酱香蒸饺

主料 面粉500克，猪肉馅300克，冬瓜150克，火腿末20克

配料 姜末5克，精盐3克，酱油3克，香油、白酒各10克，花生油适量

·操作步骤·

① 将面粉用热水和成烫面团，并切成小块，再擀成饺子皮。

② 猪肉馅剁细，放入火腿末、姜末和所有的调味料（花生油、酒、精盐、酱油、清水、香油）拌匀，冬瓜洗净去皮，切成小丁，放入肉馅中搅拌均匀。

③ 每张饺子皮中包入适量的馅料，捏成饺子。把做好的饺子放入蒸笼中，用大火蒸8分钟即可。

·营养贴士· 冬瓜具有清热解毒、除烦止渴和祛湿解暑的功效。

生煎饺

主料 饺子皮600克，猪肉馅500克，韭菜250克

配料 面粉15克，油、精盐、糖、生抽、虾皮各适量

·操作步骤·

① 韭菜洗净沥干水，切碎后加入虾皮，再放入猪肉馅中调匀，并加适量精盐、糖、生抽和油调味，用饺子皮包好肉馅。

② 锅中放少许油，将饺子放入煎锅中用中火煎，待饺子底部变黄后，用15克面粉加250克水兑开成面粉水，慢慢倒入煎锅中，盖上锅盖，中火慢煎至水全蒸发即可。

·营养贴士· 生煎饺具有补肾温阳、提高人体免疫力的功效。

虾仁蒸饺

主料 面粉450克，生虾肉500克，熟虾肉300克，干笋丝125克，肥猪肉125克

配料 猪油90克，淀粉50克，精盐、味精、白糖、麻油、胡椒粉各适量

·操作步骤·

① 将面粉、淀粉加精盐拌匀，用开水冲搅，加盖焖5分钟，取出搓匀，再加猪油揉匀成团，待用。

② 生虾肉洗净吸干水分，用刀背剁成细蓉，放入盆内。

③ 熟虾肉切小粒；猪肥肉用开水稍烫冷水浸透，切成小粒；干笋丝发好用水漂清，加些猪油、胡椒粉拌匀；在虾蓉中加点精盐，用力搅拌，放入熟虾肉粒、肥肉粒、笋丝、味精、白糖、麻油等拌匀，放入冰箱内稍冻一下。

④ 将面团揪剂，制皮，包入虾馅，捏成水饺形，上蒸笼内旺火蒸熟即可。

·营养贴士· 干笋丝具有预防高血压、减肥，促进消化的功效。

·操作要领· 将生、熟虾肉区分开是为了使虾鲜味更浓，口感更好。

蟹肉皮冻煎饺

主料 面粉300克，蟹肉50克，皮冻70克，猪肉100克，熟芝麻少许

配料 姜末、葱末各少许，盐、鸡精、料酒、生抽、植物油各适量

·操作步骤·

① 水、面粉加少许盐，放在盆里揉匀，盖上湿布醒面。

② 猪肉搅成肉酱，加蟹肉、葱末、姜末、熟芝麻、盐、鸡精、料酒、生抽，顺一个方向拌匀，上劲后加入捏碎的皮冻，顺一个方向搅拌上劲。

③ 取出面团搓成长条，揪成等大的剂子，擀成中间厚四周薄的面皮，包入适量馅料，做成饺子坯。

④ 锅烧热加入少许油，放入包好的饺子，加入小半碗水，中火把水烧干，小火煎熟即可。

·营养贴士· 皮冻含有丰富的胶原蛋白，具有养颜美容的功效。

家常锅贴

主料 猪肉馅200克，鸡蛋1个，饺子皮若干

配料 葱(末)200克，盐3克，胡椒粉2克，香油2克，植物油25克，姜（末）少许

·操作步骤·

① 肉馅里面放入葱姜末、盐和胡椒粉、鸡蛋、香油搅拌均匀，用少许清水搅打黏稠。

② 饺子皮准备好，再准备一碗清水，将适量肉馅放入饺子皮中，饺子皮边缘刷上清水，两边皮捏牢即可，不用全部包上。

③ 煎锅中涂抹适量植物油，把锅贴紧码放，盖好锅盖开始煎制，一分钟后，烹入少量清水盖好锅盖继续煎制，两分钟后再次烹入少量清水，两三分钟后，待水分耗尽便可用铁铲子一齐铲出。

·营养贴士· 姜能够促进消化，还能祛热杀菌。

韭菜煎饺

主 料 面粉500克，韭菜500克，肉泥330克

配 料 花生油、酱香烧烤酱、胡椒粉、料酒、醋、精盐各适量

·操作步骤·

① 面粉中加水、3克左右的精盐搅拌揉成面团；韭菜洗净切碎，加少许精盐腌渍片刻，腌出水分后攥干；肉泥中加酱香烧烤酱、胡椒粉、料酒，一点点地加水搅拌成稠状，加入腌过的韭菜拌匀，制成韭菜馅。

② 将面团揪成小剂子，擀成薄片，包入韭菜馅。

③ 锅内烧开水，放入5克精盐，放入包好的饺子，轻轻晃动下锅子，盖上盖烧开，中间添2次水，烧开。

④ 预热电饼铛，刷层花生油，摆上煮好的饺子，待底部定型后加少许醋水（比例为1 ： 10），盖上盖，待水分烧干、底部金黄即可。

·营养贴士· 韭菜煎饺具有益肝健胃、补肾温阳的功效。

·操作要领· 煮饺子的时候锅里放点儿精盐，然后在饺子刚入锅的时候轻轻晃动一下，可以保证饺子不粘锅。

虾仁锅贴

主 料 韭菜50克，虾仁150克，肉馅100克，饺子皮若干

配 料 酱油、香油、食用油、食盐、味精各适量

操作步骤

1 准备所需主材料。

2 将韭菜切丁，虾仁切段；把肉馅放入碗内，加入酱油、香油、食盐、味精搅拌均匀，再放入韭菜、虾仁搅拌均匀成饺子馅。

3 将饺子馅放入饺子皮内，包成饺子。

4 锅内加入食用油，把包好的饺子放入锅内煎熟即可。

烹饪心得

营养贴士：虾仁锅贴能够保护心血管系统，预防高血压。

操作要领：一定要小火慢煎，这样才不至于煎煳。

虾仁馄饨

主 料 虾仁150克，馄饨皮若干，紫菜10克，香菜、白玉菇各少许，猪肉馅适量

配 料 葱、姜、辣椒、料酒、食盐、味精、味极鲜、胡椒粉、花生油、香油、鸡蛋各适量

·操作步骤·

① 葱、姜、辣椒、白玉菇切成末；虾仁抽去泥线，从中间横片开。

② 猪肉馅加适量花生油搅拌，加入料酒、葱姜末继续搅匀，依次加入辣椒末、白玉菇末继续搅拌，加入虾仁、味极鲜、食盐、味精、胡椒粉、香油搅拌均匀，馄饨皮包上馅料封口备用。

③ 锅内添水，放入白玉菇，紫菜烧开，滴少量的味极鲜，淋入鸡蛋液，加适量盐调味，滴几滴香油制成馄饨汤。

④ 锅内加水，煮沸后，下入馄饨，待煮3分钟后捞出，放入汤碗内，撒上香菜即可。

·营养贴士· 虾仁馄饨具有调理身体、保护心血管的功效。

·操作要领· 肉馅在搅拌时要顺着一个方向搅，馅才会更有韧劲，更容易入味。

羊肉馄饨

主 料 馄饨皮若干，鲜羊腿肉适量

配 料 花生油、葱、料酒、胡椒粉、姜末、盐、蚝油、酱油各适量，紫菜、香菜、榨菜丁各少许

·操作步骤·

① 鲜羊腿肉去筋膜剁成肉馅儿，加少许水搅匀，加少许花生油、料酒、胡椒粉、姜末、盐、蚝油、酱油，搅拌均匀，腌渍，再多切些葱末，拌匀。

② 自制馄饨皮，或者买现成的都行，包成馄饨。

③ 锅里加水或者羊肉清汤，煮开，加入馄饨煮八分熟，加入紫菜、少许盐，再放香菜、榨菜丁即可。

·营养贴士· 羊肉馄饨具有补肾壮阳、抵御风寒的功效。

鸡丝馄饨

主 料 猪瘦肉125克，馄饨皮若干张，胡萝卜、榨菜各15克，熟鸡肉丝适量

配 料 紫菜、香菜各15克，酱油50克，精盐5克，葱末、姜末各5克，鸡汤1250克，芝麻油13克，花生油适量

·操作步骤·

① 紫菜切成小片，胡萝卜、榨菜切小丁，香菜切段。

② 猪肉剁成泥，加入花生油、酱油、精盐、葱末、姜末和芝麻油搅拌成馅，包入馄饨皮中，捏成馄饨。

③ 锅内放水烧沸，放入馄饨，水沸后改小火煮熟，捞出装在碗中，撒上紫菜、熟鸡丝、胡萝卜、榨菜、香菜，再把鸡汤烧沸，浇到装有馄饨的碗中即可。

·营养贴士· 鸡丝馄饨具有温中益气、强壮筋骨、活络血脉的功效。

牛肉
馄饨

主料 牛肉馅600克，牛肉100克，鸡蛋2个，馄饨皮若干

配料 麻油25克，葱15克，姜3克，精盐8克，料酒6克，香菜少许，鸡汤、花生油适量

·操作步骤·

① 牛肉切成小块，葱、姜切末，香菜切碎；鸡蛋打到碗里搅匀，在平底锅内摊成鸡蛋饼，晾凉后切丝。

② 将牛肉馅放入盆内，加入花生油、葱末、姜末、料酒、精盐、麻油和少许水，用筷子朝一个方向搅成糊状，做成馅料。

③ 将馅料放入馄饨皮中，捏紧制成馄饨生坯；锅中加鸡汤，放入牛肉块煮开后放入馄饨，煮熟后放入鸡蛋饼丝，撒上香菜即可。

·营养贴士· 牛肉馄饨具有强壮筋骨、消除水肿和补益气血的功效。

·操作要领· 馄饨煮熟后一般再煮2~3分钟就可以出锅了。

虾蓉小馄饨

主料 明虾250克，馄饨皮若干张

配料 蛋清、葱末、姜末、料酒、精盐、橄榄油各适量

·操作步骤·

① 明虾剥掉虾壳，用牙签挑或用剪刀剪开背部，去掉虾线，用葱末、姜末、料酒腌渍。

② 用刀背将虾剁成虾泥，放入精盐、蛋清、橄榄油，搅拌上劲即可用来包馄饨。

③ 将一点儿馅放在馅饼皮上，用手包起来轻轻一捏，做成馄饨坯，最后把所有做好的馄饨坯下锅煮熟即可。

·营养贴士· 明虾具有化痰止咳、壮阳补肾的功效。

·操作要领· 因为在馅里加了蛋清，馅在煮熟后体积会膨胀，所以馅不用放太多。

扁肉

主 料 面粉 500 克，猪后腿肉 500 克

配 料 食用碱 15 克，芝麻油 5 克，葱花 10 克，熟猪油 18 克，酱油、精盐、味精、醋、胡椒粉、高汤各适量

·操作步骤·

① 面粉加食用碱、水和成面团，擀成薄皮，再切成 6 厘米见方的片。

② 将猪后腿肉用木槌捶烂，加精盐、清水搅匀，再加食用碱、味精搅拌成馅。

③ 左手执皮坯，右手用小竹片将馅挑入皮中，左手捏住皮馅，右手顺势推向左手掌中即成扁肉。

④ 锅内加水烧开，放入扁肉，熟透捞出，放到用高汤、酱油、味精、熟猪油、醋调好的味汁中，滴几滴芝麻油，撒上少许葱花、胡椒粉即成。

·营养贴士· 食用碱具有祛除湿热、解毒化酸的功效。

·操作要领· 肉馅选用新鲜的猪后腿瘦肉加工，因为这样的馅料吃水量大，且捶烂后精盐混合更加充分。

绉纱馄饨

主 料 小馄饨皮若干

配 料 猪瘦肉300克，精盐7克，黄酒10克，猪油5克，酱油、酸菜、葱花、香菜碎各适量

·操作步骤·

① 猪瘦肉去掉筋膜，剁成肉馅，加入黄酒、精盐将肉馅拌匀，再慢慢加入30克水拌到肉馅吸收；精盐、酱油、猪油、葱花放入碗中，用开水冲开。

② 在馄饨皮中间抹上一点肉馅，用大拇指从正方形的对角线向中心折去，用力要轻，再用其余的手指向里拢一拢，馄饨就包好了。

③ 烧开一锅水，酸菜切丝后与馄饨一起放入锅中煮2分钟左右，馄饨稍微露出肉馅的红色即可捞出放入盛有汤料的碗中，撒上葱花和香菜碎即可。

·营养贴士· 绉纱馄饨具有改善缺铁性贫血的功效。

·操作要领· 肉馅不要太烂，可以看到小的颗粒就可以。

红油
龙抄手

主料 猪肉馅175克，抄手皮若干张，菠菜适量

辅料 花生油50克，精盐5克，料酒5克，鸡粉3克，生粉20克，辣椒油30克，酱油20克，香油10克，葱花适量

·操作步骤·

① 猪肉馅置入碗内，加入花生油、精盐、酱油、料酒、鸡粉、生粉及少许清水拌匀，顺一个方向打至起胶，腌15分钟；菠菜去根，洗净，放沸水中焯熟，放入碗内。

② 取抄手皮，舀入适量猪肉馅，包成抄手。

③ 取一空碗，加入辣椒油、酱油、香油、鸡粉，撒入葱花，做成调味汁备用。

④ 锅内加适量水烧开，加入调味汁拌匀，加入精盐，放入抄手以大火煮沸，煮至抄手浮起，捞起沥干水，盛入放有菠菜的碗内，加入调味汁拌匀即成。

·营养贴士· 本道菜能促进人体脂肪酸合成，有利于儿童身体发育。

·操作要领· 搅拌肉馅的时候，朝一个方向使劲搅拌至形成胶状，馅的味道会更爽滑。

玫瑰汤圆

主 料 干面粉 5 克，糯米粉、熟芝麻各适量

配 料 白糖 45 克，色拉油、干玫瑰花各适量

·操作步骤·

① 将干玫瑰去掉花托，用手捻碎，用少许热水泡一下；将熟芝麻擀碎，放入玫瑰花碎中，加 45 克白糖、5 克干面粉、5 克色拉油，拌成干一点的馅。

② 将糯米粉用开水烫，边烫边用筷子搅，水不要多，干爽一些，不烫手时加入色拉油揉成面团。

③ 揪成小剂揉成小圆球，做成窝形，包上玫瑰馅，揉圆成汤圆生坯，放沸水中煮至汤圆漂起关火，撒干玫瑰花瓣即可。

·营养贴士· 玫瑰花具有促进血液循环、美容除皱的功效。

·操作要领· 芝麻是出香的，不要弄太碎。

Chapter 6

馒头、发糕、饼类

老面馒头

主料 面粉 700 克，面肥 120 克

配料 碱面 3 克

·操作步骤·

① 面肥用水稀释后加入面粉和成面团，醒 4 小时，将发好的面添加碱面和薄面揉匀。

② 揪成大小均匀的剂子，揉成馒头，醒 20 分钟，放入笼屉中。

③ 凉水入锅，中火烧开转大火蒸 25 分钟后，焖 3~5 分钟即可。

·营养贴士· 老面馒头富含碳水化合物，易消化，非常适合消化不良的人食用。

黑米馒头

主料 小麦面粉 1000 克，黑米面 60 克

配料 酵母水 4 克

·操作步骤·

① 将小麦面粉与黑米面以 6 ∶ 1 的比例混合均匀，加入化好的酵母水，揉成面团，静置发酵至 2 倍大。

② 将面团揉均匀，分成大小相同的剂子，拌成团状，醒发 15 分钟，上锅蒸 30 分钟即可。

·营养贴士· 黑米具有助消化、增强造血功能的功效。

金银馒头

主 料 自发面粉适量

配 料 植物油、白糖、炼乳、蜂蜜各适量

·操作步骤·

① 将自发面粉放入盆中，加入白糖、炼乳，和成面团，用湿布盖严，醒 30 分钟。

② 面团用擀面杖擀压成长方形，用刀切成等大的小方块，即做成馒头生胚，再醒 20~30 分钟。

③ 醒好的馒头生坯，放入已经加好凉水并且铺好打湿屉布的笼屉中，蒸锅加盖大火烧开转小火蒸 10 分钟，关火 3 分钟后开盖。

④ 锅内放入足量的油，烧至六成热时放入蒸好的馒头，炸至表皮金黄捞出。

⑤ 一半数量的馒头炸好后，与另一半一起装盘，配上炼乳和蜂蜜调制好的蘸料一同上桌。

·营养贴士· 炼乳具有补充身体能量、维护视力与补充钙质的功效。

·操作要领· 如果不是竹制或木制蒸笼，生坯一定要凉水上锅，开锅后立即转小火蒸制。

小窝头

主 料 黄豆粉 160 克，细玉米面 320 克，大枣适量

配 料 水适量

·操作步骤·

① 将细玉米面、黄豆粉混合加入温水，放入切碎的大枣揉成面团，揉匀后搓成圆条，再揪成面剂。

② 在捏窝头前，右手先蘸点凉水，擦在左手心上，取面剂放在左手心里，用右手指揉捻几下，将风干的表皮捏软，再用两手搓成球形，仍放入左手心里。

③ 右手蘸点凉水，在面球中间钻 1 个小洞，边钻边转动手指，左手拇指及中指同时协同捏拢，将窝头上端捏成尖形，直到窝头捏到 0.3 厘米厚，且内壁外表均光滑，上屉用武火蒸 20 分钟即成。

·营养贴士· 小窝头具有预防心脏病与癌症的功效。

刀切馒头

主 料 小麦面粉 500 克

配 料 干酵母粉 5 克，水适量

·操作步骤·

① 将酵母粉倒入温水中调匀，分次倒入面粉中，边倒水边用筷子搅拌，直到面粉开始结成块用手反复搓揉，待面粉揉成团时，用湿布盖在面团上，静置 40 分钟。

② 面团膨胀到两倍大时，在面板上撒上适量干面粉，取出发酵好的面团，用力揉成表面光滑的长条。切成大小均匀的馒头生坯，放在干面粉上再次发酵 10 分钟。

③ 蒸锅内加入凉水，垫上蒸布，放入馒头生坯，用中火蒸 15 分钟，馒头蒸熟后关火，先不要揭开盖子，静置 5 分钟后再出锅。

·营养贴士· 刀切馒头具有养心益肾、健脾厚肠和除热止渴的功效。

艾蒿馍馍

主 料 糯米300克，大米200克，艾蒿50克

配 料 红糖200克，白糖100克，草碱、菜籽油各少许

·操作步骤·

① 将两种米提前用清水浸泡12小时，洗净，再加清水磨成稀浆，装入布袋中吊干水分，取出放入盆内揉匀，用手扯成块，入笼蒸熟。

② 艾蒿去根洗净，用沸水稍煮（煮时放草碱少许），捞出挤干水分，倒入石臼，捣成蓉，加少许水，至艾蒿涨发吸干水分后，放入红糖，搅匀成糊状，放入米粉，加白糖揉匀。

③ 将艾蒿粉团装入方形的框内，按在案板上（注意抹菜籽油）抹平，晾凉取出，切成所需形状。

④ 平锅烧热，放少许油，放入艾篙馍馍生坯，煎至两面皮脆内烫至熟即成；或者再入笼蒸熟，最后盛盘，放上装饰即可。

·营养贴士· 艾蒿具有化痰、止咳、平喘的功效。

·操作要领· 煎制时要用小火，受热要均匀，不要煎煳，以免影响口感。

荞麦窝头

主 料 苦荞麦粉 100 克，面粉 100 克

配 料 酵母、泡打粉、炼乳各适量

·操作步骤·

① 苦荞麦粉和面粉混合均匀，加入酵母和泡打粉，慢慢加入冷水，用筷子不停搅拌成面絮状，不停揉搓成光滑的面团，在温暖处醒发。

② 发酵至2倍大时取出，排出面团里的空气，揉搓成长条，切成均匀的剂子，做成窝头生坯。

③ 冷水上锅，湿纱布垫在蒸锅上，放入窝头坯子，再醒发 20 分钟，大火蒸 15 分钟后关火，焖 3 分钟即可。上桌时搭配炼乳食用。

·营养贴士· 荞麦窝头具有保护肝肾、增强免疫力的功效。

椒盐花卷

主 料 面粉 500 克

配 料 鲜奶 250 克，糖 30 克，酵母 6 克，盐少许，椒盐粉适量

·操作步骤·

① 奶用微波转 1 分半，放入酵母，静置至起泡；面粉过筛，放入糖、盐拌匀，将发好的酵母水倒入，面包机揉面 40 分钟。

② 大约 2 小时后，面团为原来的 2 倍大，取出，擀平，撒上椒盐粉，切成宽条，三股一拧，打结。

③ 蒸锅放水，加热一会儿，关火，放入花卷静置 20 分钟，大火蒸 10 分钟，蒸好后晾一会儿再开锅取出。

·营养贴士· 椒盐具有散寒除湿、止痛解毒的功效。

海棠
花卷

主 料 精面粉 500 克

配 料 酵面 50 克，熟猪油 50 克，苏打粉适量，白糖、食用红色素各少许

·操作步骤·

① 将精面粉倒在案板上，中间扒个窝，加入酵面、清水揉成面团，用湿布盖好，发酵 2 小时，加入苏打粉、白糖揉匀，取 1/3 的面团加入食用红色素揉成粉红色面团。

② 醒好的白面团揉搓成长圆条，按扁，擀成 20 厘米长、5 厘米宽、0.5 厘米厚的面条，再把粉红色面团也擀成同样大小的面皮，将红面皮叠放在白面皮上微擀，抹少许熟猪油，由长方形窄的两边向中间对卷，在两个卷合拢处抹少许清水，翻面搓成直径约 3 厘米的圆条，用刀切成面段，立放在案板上。

③ 笼内抹少许熟猪油，用筷子将案板上立着的面段从两个圆卷向中间夹成四瓣，入笼蒸约 15 分钟至熟即成。

·营养贴士· 苏打粉具有中和胃酸的功效。

·操作要领· 用沸水、旺火速蒸，蒸至表面光滑不粘手即可。

如意花卷

主料 精面粉 500 克

配料 熟猪油 50 克，酵面 50 克，白糖少许，苏打粉适量

·操作步骤·

① 将面粉倒在案板上，中间扒个窝，加入酵面、清水、白糖后揉匀成团，用湿布盖好，待发酵后加入苏打粉和熟猪油揉匀，醒约 10 分钟。

② 醒好的面团搓揉成长圆条，按扁，用擀面杖擀成约 20 厘米长、0.5 厘米厚、12 厘米宽的长方形面皮，刷一层熟猪油，由长方形的窄边向中间对卷成两个圆筒，在合拢处抹清水少许，翻面，搓成直径 3 厘米的圆条，切成 40 个面段，分别揉成花卷生坯。

③ 笼内抹少许油，然后把花卷生坯立放在笼内，蒸约 15 分钟至熟即成。

·营养贴士· 猪油具有增进食欲、补虚润燥的功效。

炸馍片

主料 馒头 1 个，鸡蛋 2 个，孜然适量

配料 食用油、食盐各适量

·操作步骤·

① 准备所需主材料。

② 把馒头和鸡蛋放在面板上。

③ 将鸡蛋磕入碗中，放入食盐后搅拌均匀；将馒头切片。

④ 锅内放入食用油，油热后将馒头裹满蛋液，下锅炸至两面金黄即可；出锅后撒上孜然即可食用。

·营养贴士· 孜然具有助消化与治疗胃寒腹痛的功效。

烤馒头

主 料 精面粉 900 克

配 料 酵面 100 克，碱粉适量（根据季节不同，制作者灵活掌握）

·操作步骤·

① 将面粉加酵面和适量清水，揉合成面团，经发酵（发酵时间因季节、温度不定）至十成开，加适量碱粉，与面团揉匀，去除酸性后，掐成 10 个面坯，逐个揉搓成半圆形馒头生坯，饧 15 分钟。

② 锅内水烧沸，将饧好的馒头生坯摆入笼屉内，旺火蒸 20 分钟至成熟，取出晾凉。

③ 将凉馒头放烤盘内，入烤箱，将馒头烤至发棕黄色，取出即成。

·营养贴士· 烤馒头具有养心益肾、健脾厚肠的功效。

·操作要领· 和面时水面比例约为 4:10；面团发酵要足，但不可发过；馒头生坯必须醒一段时间，这样可使蒸出的馒头膨松胀大。

广式腊肠卷

主 料 面粉 250 克，腊肠 150 克

配 料 泡打粉 4 克，酵母 2 克，白糖 20 克，猪油 25 克，牛奶 50 克，水 75 克

·操作步骤·

① 面粉加入配料和成面团，醒 10 分钟后再揉光，揪成 45 克左右的剂子，搓长条，长度要为腊肠的 3 倍左右。

② 面条缠绕在腊肠上，两头留空，卷好。

③ 卷好的腊肠卷放入水开后的蒸锅中，蒸 10 分钟即可出锅，晾凉后即可食用。

·营养贴士· 广式腊肠卷具有和胃、强筋壮骨的功效。

紫米发糕

主 料 米粉 50 克，紫米粉 25 克，低筋面粉 30 克

配 料 细砂糖 35 克，酵母粉 2 克

·操作步骤·

① 将米粉、细砂糖、酵母粉、低筋面粉、紫米粉放入容器中，加水拌匀，盖起来发酵 2 小时。

② 面糊发好后倒入容器里，放入蒸锅中蒸 20 分钟，出锅后用刀切块即可。

·营养贴士· 紫米具有补中益气、健脾养胃的功效。

三合面发糕

主 料 小麦面粉 300 克，黄豆粉 150 克，枣（干）25 克，青梅 25 克，玉米面（黄）150 克

配 料 酵母 15 克

·操作步骤·

① 将玉米面放入盆内，倒入八成开的水里搅拌，晾凉后与面粉掺在一起，加入鲜酵母，用温水和成稀软面团。

② 将红枣用开水泡开，洗净，去核，与青梅均切成小条。

③ 将发好的面团放在案板上，掺入黄豆粉揉匀，加入红枣条、青梅条拌匀，备用。

④ 向蒸锅内倒水，烧沸后铺好屉布，倒入面团，用手蘸水拍匀，再用小刀蘸水割成小方块，用旺火蒸熟，即可食用。

·营养贴士· 梅子具有解暑生津、促进胆汁分泌的功效。

·操作要领· 在蒸的过程中尽量不要掀开锅盖，以免影响口感。

小米面发糕

主 料 面粉 900 克，小米面 300 克，牛奶 250 克，葡萄干、玉米粒、红小豆各适量

配 料 酵母粉 5 克

·操作步骤·

① 用面粉、小米面、酵母粉、牛奶和面，发酵 60 分钟左右。

② 面团发好后加入葡萄干、玉米粒，将面团揉匀，做成圆形，在面团上放上几粒红小豆，静置 10 分钟左右，使其再发酵，发好的面团上锅蒸 30 分钟即可。

·营养贴士· 葡萄干能够降低胆固醇，改善直肠健康。

玉米火腿饼

主 料 玉米面 100 克，火腿 80 克，鸡蛋 1 个，鲜玉米粒 70 克

配 料 食用油适量

·操作步骤·

① 准备所需主材料。

② 将玉米面、火腿、鲜玉米粒放入碗内，然后将鸡蛋打散后倒入碗中，搅拌均匀。

③ 将和好的面做成饼状，放入油锅内煎至两面金黄即可。

·营养贴士· 玉米火腿饼具有预防和治疗冠心病、动脉粥样硬化、高脂血症和高血压等疾病的功效。

土家
酱香饼

主 料 面粉 300 克

配 料 植物油 30 克，郫县豆瓣酱、甜面酱、蒜蓉辣酱各 10 克，孜然粉、花椒粉、八角粉各 5 克，熟芝麻、冰糖、葱花各适量

·操作步骤·

① 一半面粉加开水，搅拌至水分消失，揉成团；一半面粉加凉水，搅拌至水分消失，揉成团，将两种面团揉成一个大面团，醒 30 分钟。

② 炒锅放油，加几颗冰糖，当冰糖化掉时，放入三种酱（郫县豆瓣酱要事先剁碎一点），小火炒香，放小半碗水烧开，放适量孜然粉、花椒粉、八角粉，中火煮成稀粥状时关火。

③ 将芝麻放入锅中，小火炒香，一半碾成芝麻碎，其余备用。

④ 将醒好的面团分成 3 份，取其中一份擀成大薄片，撒上花椒粉和熟芝麻碎，卷起后收紧两头，向相反方向旋转，压成圆饼，擀成薄圆饼，放入预热好的电饼铛中，烙至两面微黄，刷上炒好的酱，撒上熟芝麻、葱花，盖上盖再烙 2 分钟，出锅切小块即可。

·营养贴士· 甜面酱不仅具有开胃助食的功效，还能补充人体所需的氨基酸。

·操作要领· 炒的酱不要太干，也不要太稀，否则不易刷在饼上。

培根土豆饼

主 料 土豆2个，培根4片，面粉适量

配 料 橄榄油60克，黑胡椒3克，精盐1克，葱花适量

·操作步骤·

① 土豆洗净，切细丝，放入面粉中，加少量水搅拌均匀；培根切小块。

② 锅中倒入少量橄榄油，大火烧至四成热，放入培根片，改中火煸炒出油后盛出。

③ 将炒好的培根块、葱花放入有土豆丝的面粉中，加精盐和黑胡椒，充分搅拌均匀。

④ 锅中倒橄榄油，烧至七成热，放入拌好的面糊，用勺压成饼状，煎至两面金黄色，取出切块即可。

·营养贴士· 黑胡椒具有振奋精神、补充精力的功效。

葱花鸡蛋饼

主 料 面粉100克，鸡蛋1个

配 料 葱花20克，精盐、五香粉、植物油各少许

·操作步骤·

① 鸡蛋在碗中打散，加入水、面粉、葱花、五香粉、精盐调匀成面糊。

② 平底锅烧热，加入少许油，将面粉液倒入锅内，拿着锅把按逆时针方向摇晃，使鸡蛋液慢慢扩散变薄、成形。

③ 鸡蛋饼烙一会儿，用铲子翻面，烙一下反面，出锅即可。

·营养贴士· 葱花鸡蛋饼含有丰富的蛋白质，而且含烯丙基硫醚，能够刺激胃液分泌，有助于增进食欲。

酥饼

主 料 黄豆面粉、小米面、白面、碱面各适量

配 料 食用油、白糖、白芝麻各适量

·操作步骤·

① 锅里放油，烧热放入白面炒制，炒至颜色发黄即可，油酥不可过稀也不可过干。

② 把黄豆面、小米面、白面放在面盆里，放一点点碱面，加水，和好面放一边醒20分钟。

③ 把和好的面用擀面杖擀成一张大的薄饼，把炒好的油酥用勺子均匀地抹在薄饼上，从下往上卷，卷成一个长条，把卷好的长条揪成一个个的小剂子，会看见里面有一圈圈的油酥，把剂子擀成薄片放点糖包上再摁成圆饼，表面撒上一层白芝麻。

④ 锅里放油烧热，放入摁好的圆饼，用小火烙，烙至两面金黄即可。

·营养贴士· 酥饼具有养心益肾、除热止渴的功效。

·操作要领· 中间的擀卷松弛，可以使口感更加酥脆。

地瓜饼

主料 地瓜300克，面粉适量

配料 白糖、植物油各适量

·操作步骤·

① 地瓜洗净切片蒸熟，放凉去皮，手抓成泥，加入面粉和少许白糖，揉成软硬合适的面团。

② 揪适量面团，揉圆后拍扁成圆形，锅底倒入少许植物油，将饼坯放入，煎至双面金黄、上色均匀即可。

·营养贴士· 地瓜饼能够使血管弹性维持良好状态，而且对老年便秘具有防治作用。

豆渣香酥饼

主料 豆渣400克，面粉250克

配料 食用油50克，白糖45克，鸡蛋2个，奶粉15克，苏打粉3克，泡打粉、黑芝麻各适量

·操作步骤·

① 豆渣放入干净的盆内，放入鸡蛋、白糖、食用油、奶粉，其他粉类混合过筛也一起放入盆内拌匀成面糊。

② 烤箱预热到200℃，将面糊用勺子在油纸上摊成拳头大的小饼，在小饼上撒适量黑芝麻，放入烤箱，烤25分钟左右即可。

·营养贴士· 豆渣香酥饼具有降低血液中胆固醇和预防肠癌的功效。

菜脯煎鸡蛋饼

主 料 菜脯50克，鸡蛋3个，虾皮20克，韭菜少许，面粉少许

配 料 食用油适量

·操作步骤·

① 菜脯用清水冲净，切成细丁；虾皮用清水泡发，挤干水备用；韭菜洗净去根，切成细末；鸡蛋打入面粉中，调成蛋液。

② 取一平底锅，放食用油烧热，倒入虾皮以中小火炒2分钟，至呈微黄色，捞起沥干油。

③ 倒入菜脯丁，以中小火炒干其水分，捞出后与虾皮、韭菜末一同放入蛋液中拌匀。

④ 将面糊倒入锅中，以小火煎至底部凝固，翻面续煎15秒捞出，用厨房纸吸干菜脯煎蛋饼上的余油即可。

·营养贴士· 菜脯具有消食开胃的功效。

·操作要领· 菜脯本身有咸味，因此不用再往蛋液中加盐。

葱香鸡蛋软饼

主 料 鸡蛋1个，面粉200克

配 料 葱花、精盐、植物油各适量

·操作步骤·

① 在面粉中打一个鸡蛋，根据口味放入适量精盐，拌匀，再慢慢加入适量水，使面成为流动的糊状，放入葱花，搅匀备用。

② 平底锅中倒入少许植物油，倒入适量面糊摊成薄饼，两面煎黄后出锅。

·营养贴士· 葱香鸡蛋软饼不仅含有蛋白质，还能够促进胃液分泌。

香椿烘蛋饼

主 料 面粉125克，香椿1把，鸡蛋2个

配 料 食用油、食盐、十三香各少许

·操作步骤·

① 香椿取鲜嫩的枝叶清洗干净，用开水焯烫一下，切成约1厘米的段；将鸡蛋磕入面粉中，加水调成面糊，放入装香椿的碗中，加少许十三香、食盐，加15克清水充分搅打均匀。

② 平底锅置火上，刷一层薄薄的食用油，锅稍热后倒入适量搅拌好的面糊，盖锅盖焖1分钟左右，出现蜂窝，全部凝固即可。

·营养贴士· 香椿具有清热解毒、健胃理气的功效。

糖盐
烧饼

主料 精面粉 800 克

配料 酵面 150 克，绵白糖 750 克，精盐、五香粉各 15 克，食碱 10 克，菜籽油 100 克

·操作步骤·

① 将绵白糖放在案板上，加入精盐、五香粉和清水，再放入 150 克面粉拌匀，即成糖馅料。

② 剩余的面粉置于案板上，加入酵面和食碱拌和，再加入温水揉匀成团，放入盆内，添沸水盖过面团，静置 10 分钟后沥去水分，取出置案板上揉透，盖上湿布醒 30 分钟。

③ 面醒好后，搓成长条，揪成剂子，逐个用擀面杖擀成一端约 6.6 厘米宽、一端约 5 厘米宽、33 厘米长的梯形面皮，薄刷一层菜籽油，在面皮宽的一端中间放上 15 克糖馅，将前面的面皮向内覆卷，盖在馅料上，折口处压紧，再刷一层菜籽油，从大的一端朝另一端卷起成筒，竖放在案板上，用手轻轻压成直径约 10 厘米的圆饼生坯，放在烤盘内，入炉烘烤熟即成。

·营养贴士· 绵白糖能够促进人体对钙质的吸收，从而预防骨质疏松。

·操作要领· 糖馅要用手反复搓擦，搓至用手抓捏成团、放下散开为宜。

韭菜鸡蛋薄饼

主 料 鸡蛋 2 个，韭菜 100 克，面粉 200 克

配 料 食用油、食盐各适量

准备所需主材料。

把鸡蛋打散在碗内，放入面粉、食盐后再加适量水，均匀搅拌成面糊。

把韭菜切碎，放入面糊中搅拌均匀。

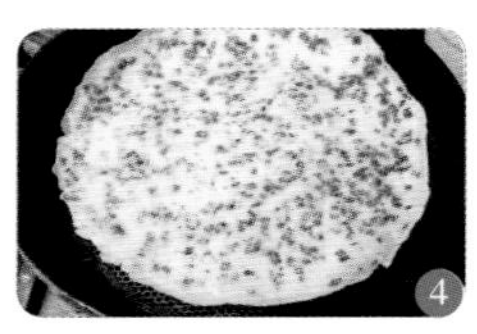

锅内放入食用油，油热后倒入面糊，煎熟即可。

营养贴士：韭菜具有补肾温阳、益肝健胃与润肠通便的功效。

操作要领：制作的时候一定要小火慢煎，避免焦煳影响口感。

黄金大饼

主料 面粉 300 克，切碎的鸡肉粒 450 克，鸡蛋 1 个

配料 干酵母 3 克，咖喱粉 4 克，葱花 25 克，橄榄油 25 克，大蒜粒 15 克，姜末 10 克，胡椒粉 2 克，精盐、细砂糖、白芝麻各适量

·操作步骤·

① 把干酵母、细砂糖、精盐、鸡蛋倒入面粉中拌一拌，再倒入橄榄油拌匀。

② 用 180 克温水把面和匀，面盆罩上保鲜膜进行基础发酵。

③ 炒锅上火注入橄榄油，下入蒜粒煸出香味儿，放入鸡肉粒煸炒，鸡肉变色下入葱花、姜末继续煸炒出香味儿，再放入咖喱粉煸炒出金黄色，然后用精盐、细砂糖、胡椒粉进行调味，炒匀后出锅晾凉备用。

④ 面团儿发好后放到案板上揉匀，然后再醒 15 分钟，用擀面杖擀开，呈圆形的面片。

⑤ 在面片上倒入馅料，用面片把馅料包起来，用手按匀送入烤炉，在烤盘下放一盘热水，关好炉门以 30~40℃炉温进行最后的发酵。

⑥ 大饼发至近两倍大时取出，炉温可调到 170℃开始预热。调制一些糖水，用毛刷把糖水涂抹在面饼上，再撒些白芝麻。把大饼置入预热好的烤炉，上下火 170℃烘烤 20 分钟即可出炉。

·营养贴士· 黄金大饼含有碳水化合物、蛋白质，能够增强体力，强壮身体。

·操作要领· 和面一定要用温水，忌用冷水。

槐花鸡蛋饼

主 料 槐花 200 克，面粉 100 克，鸡蛋 3 个

配 料 食盐 5 克，鸡精 3 克，虾仁、葱花、姜末、植物油各适量

·操作步骤·

① 槐花洗净，控干水分；虾仁洗净，切成小块。

② 槐花、虾仁放入碗中，加入面粉、鸡蛋、葱花、姜末、鸡精、食盐搅拌均匀。

③ 锅内倒入适量植物油，锅热后下入面糊摊平，两面煎至金黄盛出，晾凉后切成小块，摆盘即可。

·营养贴士· 槐花具有降血压与健胃消食的功效。

农家贴饼子

主 料 粗玉米粉 120 克，小米粉 100 克，黄豆粉 80 克

配 料 酵母粉 2 克，植物油适量

·操作步骤·

① 把粗玉米粉、小米粉和黄豆粉加水和酵母粉，揉成面团，醒发 30~50 分钟，醒发至 1.5 倍左右，用手团成小的面团。

② 铁锅放少半锅水烧开，把小饼按扁贴在锅边上，15 分钟左右即熟。

③ 熟后用铲子铲出直接放入盘中即可。

·营养贴士· 贴饼子具有降血压、降血脂、美容养颜、延缓衰老的功效。

口袋饼

主 料 高筋面粉 580 克

配 料 酵母粉 12 克，植物油、玉米粉各适量

·操作步骤·

① 将高筋面粉加酵母粉和水揉成面团，揉到表面光滑，分割成每份 100 克大小的面团，滚圆，盖上保鲜膜醒 10 分钟。

② 桌上撒上玉米粉，将面团擀开，在饼的表面涂上一层油，然后把单饼对折，去掉不规则的边角，从中间切开，切成两个正方形，每个正方形的边用筷子压实，放入烤箱，250℃下烘烤 10 分钟即可。

③ 口袋饼对半切开，填入喜欢的材料即可。

·营养贴士· 口袋饼具有祛脂降压、增强人体免疫力的功效。

·操作要领· 可以将正方形的边捏成花边，这样更会勾起食欲。

油酥火烧

主 料 面粉 400 克

配 料 豆油 60 克，酵母 3 克

·操作步骤·

① 面粉加水和酵母和成面团，醒发；把豆油烧热，倒入面粉做成油酥。

② 醒好的面团擀成饼，把油酥涂在面饼上，卷成卷，面卷切成段，在小面卷表面涂点油，然后两端向内折，再把小面卷擀成饼胚，在饼的两面刷油。

③ 烤箱预热，中层烤 15~20 分钟。

·营养贴士· 油酥火烧具有降低血液中的胆固醇，预防心血管疾病的功效。

平度火烧

主 料 面粉 500 克

配 料 碱、酵母、食用油各适量

·操作步骤·

① 新鲜酵母用温水化开，倒入面粉中和成软面团，揉匀揉透，发酵。

② 发酵完成后取出，加少许碱（可省略），反复揉面，揉成长条。

③ 分割成四等份，分别揉圆按扁，用叉子在上面叉些洞（扎透）。

④ 锅底擦点薄油（或不放油），将面饼放入，小火烙至双面上色均匀。

·营养贴士· 平度火烧具有养心益肾、除热止渴的功效。

台湾
手抓饼

主 料 面粉 250 克

配 料 植物油 50 克，盐 3 克

·操作步骤·

① 将面粉放入容器，加开水，一边加一边搅拌，拌匀成雪花状，然后加冷水揉成光滑的面团，用保鲜纸把它包好静置 30 分钟。

② 面团擀成方形大薄片，在其上刷一层薄油并撒上盐，将面皮折成长条，盘旋成一个圆形，静置 10 分钟后按扁。

③ 将平底锅用小火烧热，加油，把饼放入，用中火煎烙，同时不断拍打挤压面饼，一面煎成金黄以后再煎另一面，两面金黄即可。

·营养贴士· 手抓饼易于消化，能够预防肠胃疾病。

·操作要领· 折面片时，可以像折扇一样将面片抓在一起，这样可以做出多层效果。

奶香玉米饼

主 料 玉米面150克，小麦面粉50克

配 料 温牛奶250克，酵母粉5克，白糖25克，植物油适量

·操作步骤·

① 将玉米面和小麦面粉放入盆中拌匀，放入用温牛奶泡开的酵母粉搅匀，放入白糖拌匀，静置发酵至面糊表面有气泡产生。

② 将平底锅烧热，放薄薄一层油，将发酵好的面糊用小勺子舀一勺倒入锅中，用勺子背向四周推成圆饼，饼与饼之间留有空隙，用中火或中小火将两面都用少许油煎成金黄色即可。

·营养贴士· 奶香玉米饼具有降血压、降血脂与美容养颜的功效，还含有蛋白质，能为人体提供能量。

小米饼

主 料 鸡蛋1个，小米、面粉各适量

配 料 蜜糖15克，猪油10克，香油适量

·操作步骤·

① 小米与水按1：1煮成饭，然后用筷子搅散，再盖上盖保温挡焖一会儿，焖好的小米饭与面粉、鸡蛋、猪油、蜜糖混合，用筷子搅拌出黏性。

② 热锅，加香油，油热放上小米混合物，用勺子按成饼形，盖上盖子用小火煎，中间转动饼几次，使饼的各部分受热均匀，饼的表面颜色变深时，证明已经煎透了，小心地给饼翻一个身，再煎一会儿即可。

·营养贴士· 小米饼含有蛋白质，能够强健身体，提高身体免疫力；它还含有碳水化合物，能够为人体补充所需能量。

手撕饼

主 料 面粉适量

配 料 色拉油、辣椒粉各适量

·操作步骤·

① 用温水把面粉先做成面穗状，把面盖起来避免表皮发干，醒 10 分钟左右，取出放在面板上，分割成大小合适的剂子。

② 将分好的剂子擀开，在上面抹色拉油和辣椒粉。然后像折扇子一样，把面皮折起来，再从一端卷起来。将面皮卷好之后，尾端塞入底部，少沾面粉，将面皮按扁，擀成手撕饼面坯备用。

③ 煎锅放火上，锅热倒入少许色拉油，放入面坯烙制，一面变成金黄色后，翻面烙另一面。两面金黄时，饼便熟了，出锅即成。

·营养贴士· 手撕饼具有开胃消食、生热驱寒的功效。

·操作要领· 可以用锅铲不停地转动饼并轻轻敲打，使饼随着敲打层次更加分明。经过锅铲敲打的饼，层次分明，轻轻一抖，能松散开。

麦糊烧

主料 面粉 500 克

配料 盐 25 克，香葱末 100 克，菜籽油约 150 克，味精少许

·操作步骤·

① 将盐放入水中溶化，加少许味精，倒入面粉中，加香葱末拌匀成糊状。

② 锅置火上烧热，加少许菜籽油滑一下锅，待油开始冒烟时，倒入面糊，用锅铲将糊摊开，厚为 3~4 毫米，煎烤至表面起泡后，翻面后再煎烤一小会儿，出锅卷成卷，切段摆盘即可。

·营养贴士· 麦糊烧具有补血益气、开胃消食的功效。

菠菜煎饼

主料 菠菜 500 克、面粉 500 克，鸡蛋 3 个，牛奶 1000 克

配料 植物油 200 克，砂糖 50 克，豆蔻粉、精盐、枸杞各适量

·操作步骤·

① 将枸杞泡发备用；打鸡蛋，拌匀鸡蛋液备用；将菠菜洗净放入沸水内烫熟，捞出控干切末，加入砂糖、鸡蛋液拌匀，把精盐、面粉、豆蔻粉、牛奶放到器皿内调拌均匀，倒入菠菜末、枸杞，调匀成菠菜糊备用。

② 把煎锅烧热，倒入植物油，油热后放入菠菜糊摊成薄圆饼，煎至两面金黄色即成。

·营养贴士· 菠菜含有铁元素以及 B 族维生素，能够有效防治血管疾病。

筋丝土豆饼

主料 面粉 200 克，土豆 200 克，香菜少许

配料 食用油、花椒、食盐、白糖、醋各适量

·操作步骤·

① 面粉放入盆中，倒入适量沸水搅拌成雪花状，冷却后揉成光滑的面团，包上保鲜膜静置 10 分钟。

② 土豆去皮，切成细丝。

③ 土豆丝入沸水锅中氽烫至熟，捞出入冷水中投凉。

④ 锅中倒入适量油烧热，放入花椒炸糊，离火；土豆丝放入碗中，调入少许盐、白糖、醋，拌匀，将热油倒入土豆丝中拌匀，封口腌入味。

⑤ 取烫面面团搓条，下剂子，按扁，刷油，每两个面剂子刷油的一面对合在一起，擀成薄饼。

⑥ 锅置火上刷上少许油，放入薄饼烙熟，取出，趁热将薄饼撕开，卷入炝拌的土豆丝并加上少许香菜一起食用即可。

·营养贴士· 筋丝土豆饼具有预防肥胖，提高人体免疫力的功效。

·操作要领· 土豆丝也可以直接炒熟备用。

煎土豆饼

主 料 土豆 500 克，面粉 500 克

配 料 淀粉 300 克，鸡蛋 5 个，葱少许，植物油适量

·操作步骤·

① 土豆洗净切丝，放在凉水中浸泡一会儿，捞出待用；葱洗净切成葱花。

② 将鸡蛋磕入碗中，搅散，放入土豆丝、葱花、面粉、淀粉搅拌均匀。

③ 平底锅中倒植物油烧热，将搅拌好的面糊沿着锅边慢慢倒进平底锅内，等一面煎至金黄后，再翻面将另一面煎至金黄。

④ 将煎好的一整张土豆饼放进盘内，然后用刀切成小块即可食用。

·营养贴士· 煎土豆饼含蛋白质较高，且脂肪含量低，具有预防血管疾病与减肥的功效。

玉米饼

主 料 玉米粉 160 克，面粉 80 克

配 料 泡打粉、鲜玉米粒、植物油、白糖各适量

·操作步骤·

① 玉米粉、泡打粉、面粉、鲜玉米粒、白糖放入容器中混合，加入适量的清水和成面团醒 15 分钟。

② 醒好的面团揉匀，搓成长条，切成若干剂子，取一个剂子用手搓圆，压成一个小饼，剩下的也依次压好。

③ 电饼铛放入植物油，放入玉米饼，烙至两面金黄即可。

·营养贴士· 玉米饼具有刺激肠胃蠕动、预防便秘的功效。

爱尔兰
土豆饼

主料 土豆250克，鸡蛋1个，面粉50克

配料 葱末15克，植物油100克，盐、胡椒面各适量，黄油少许

·操作步骤·

① 将土豆洗净去皮，上火煮烂，沥出水，把土豆捣碎成泥，放上鸡蛋，盐、胡椒面，面粉25克，并混合均匀；将葱切成末，放在黄油里炒一下，倒入土豆泥中，再混合均匀。

② 把土豆泥分成4份，全滚上面粉，用刀按成两头尖，中间宽的椭圆饼形，用刀在饼上按上纹路，做成树叶状。

③ 将煎盘上火，放入少许植物油烧热，把土豆饼放入，煎成金黄色即可。

④ 土豆饼码放在煎盘里，入炉烤几分钟，待土豆饼鼓起，铲入盘中即成。

·营养贴士· 爱尔兰土豆饼具有预防肥胖与抗衰老的功效。

·操作要领· 煎饼时掌握好火候、油温，不要煎焦、煎煳。

盘丝饼

主 料 面粉500克

配 料 白糖150克，碱2克，盐、香油各适量

·操作步骤·

① 将面粉放入盆内，加适量水、碱、盐和成软硬适宜的面团。

② 用抻面的方法拉成细面条，顺丝放在案板上，在面条上刷上香油，将面条切成小坯。

③ 取一段面条坯，从一头卷起来，盘成圆饼形，把尾端压在底下，用手轻轻压扁。

④ 放入平锅内慢火烙至两面呈金黄色成熟即成，大家也可以在表面撒一些彩色甜点作装饰。

·营养贴士· 盘丝饼能够促进人体对钙质的吸收，还具有养心益肾的功效。

小根蒜烙盒

主 料 小根蒜、酸菜心各200克，鸡蛋2个，面粉400克

配 料 盐、胡椒粉、酱油、蚝油、芝麻油、植物油各适量

·操作步骤·

① 小根蒜洗净剁碎；酸菜心剁碎；鸡蛋打到碗里，加盐搅拌。

② 锅中倒入植物油烧热，放入鸡蛋，炒熟后盛出，剁碎，放在盆里，加入根蒜、酸菜心、胡椒粉、酱油、蚝油、芝麻油拌匀。

③ 面粉用开水烫过和成面团，静置30分钟，将面团揉匀，搓成长条，分成等大的剂子，按扁，擀成圆片，包入馅料。

④ 平底锅放油烧热，放入盒子，烙至两面金黄后即可取出食用。

·营养贴士· 小根蒜能够使人体快速吸收钙质，还能抗菌消炎，帮助消化。

白菜粉条盒子

主 料 小麦面粉200克，猪肉馅50克，白菜200克，粉条100克

配 料 酵母、淀粉、姜末、蒜末、生抽、香油、食盐、料酒、蚝油、植物油各适量

·操作步骤·

① 面粉加开水、酵母调匀揉成光滑的面团，醒面30分钟；白菜切碎、粉条用开水泡发开；肉馅中加入姜末、蒜末、盐、料酒、蚝油、生抽、香油、淀粉调匀，再加入粉条、白菜搅匀。

② 取出面团揉匀切成小块，擀成大圆片，包入馅料，将面皮对折，从边缘的一方揪起面皮向里对折压下去，依次到另一边缘，制成盒子。

③ 锅中放植物油，下盒子煎至两面金黄即可。

·营养贴士· 粉条能够吸收各种美味汤料的味道，而且其特性柔顺滑嫩，非常爽口，其含有丰富的碳水化合物和膳食纤维，但由于含铝元素，所以不要一次性食用过多。

·操作要领· 煎盒子要用小火，这样才不至于煎煳。

鸡蛋蒸肉饼

主 料 鸡蛋 4 个，瘦肉 150 克

配 料 葱、淀粉、香油、精盐、鸡精各适量

·操作步骤·

① 瘦肉洗净后切成大块，打碎成肉泥备用；葱切末后备用；鸡蛋磕入碗中搅匀备用。

② 把肉泥和鸡蛋液混合，加水，用精盐、鸡精调味，加淀粉和成面饼状，放到盘中，上面淋香油，撒上葱末。

③ 上锅蒸 25 分钟左右，肉饼熟透出锅即成。

·营养贴士· 瘦肉含蛋白质丰富，而含饱和脂肪酸比较少，具有补肾养血、滋阴润燥的功效。

花蒸肉饼

主 料 芒果 100 克，瘦肉 100 克，豌豆 10 克

配 料 生姜 10 克，精盐、味精各 5 克，胡椒粉少许，洋葱、干生粉各适量

·操作步骤·

① 芒果去皮取肉切丁；瘦肉剁成泥；生姜去皮切末；豌豆洗净，焯水后捞出；洋葱切片备用。

② 瘦肉用碗装上，调入精盐、味精、姜、胡椒粉、干生粉打至起胶，倒到碟内成饼形，上面撒上芒果丁，豌豆待用。

③ 蒸笼烧开水，放入肉饼用旺火蒸 8 分钟拿出，周围用洋葱片点缀即成。

·营养贴士· 芒果具有益胃、解渴和利尿的功效。

肉夹馍

主料 面粉350克，带皮五花肉500克，青椒、红椒、甜椒各适量

配料 植物油15克，姜片、葱段、冰糖、老抽、生抽、料酒、桂皮、八角、草果、小茴香、豆蔻、食盐各适量

·操作步骤·

① 青椒、红椒洗净剁碎；甜椒洗净切片备用。

② 面粉和成面团，发好后醒10分钟，醒好后分成小剂子，每个剂子揉圆再醒5分钟，然后擀成0.6厘米的圆饼，中火烧热平底锅，将饼坯放进去烙熟。

③ 带皮五花肉入滚水中氽烫5分钟，捞起冲净切大块；炒锅入植物油，加碾碎的冰糖，小火炒黄，转大火放五花肉翻炒至上色，放姜片、葱段、老抽、生抽、食盐炒出油，放料酒、桂皮、八角、草果、小茴香、豆蔻炒出香味后，加水烧开转小火炖至肉烂即可。

④ 做好的五花肉剁成丁，与青椒、红椒碎混合均匀，将馍横切开口，夹入甜椒片、混合好的肉丁即可。

·营养贴士· 肉夹馍富含多种营养元素，包括蛋白质、碳水化合物、维生素以及钙、铁、磷、钾等微量元素，具有养心益肾、除热止渴、补中益气的功效。

·操作要领· 面粉揉成面团后，先醒一段时间，饼坯更松软。

家常发面糖饼

主 料 小麦面粉 500 克

配 料 酵母（干）3 克，红糖适量

·操作步骤·

① 酵母溶于水，加面粉揉匀，揉成非常软的面团，盖保鲜膜发至温暖处，发酵至 2 倍大；用红糖与面粉 3 ∶ 1 的比例调好红糖馅。

② 发好的面团揉匀，做成剂子，取一份按扁，擀成四周薄中间厚的面皮，像包包子一样包入红糖馅，收口朝下，按扁。

③ 室温饧发 10 分钟，电饼铛里擦少许油，上下火，放入糠饼，盖上盖子，烙至两面金黄即可。

·营养贴士· 红糖具有益气补血、活血化瘀和健脾暖胃的功效。

牡蛎煎饼

主 料 面粉 500 克，鸡蛋 2 个，葱花、牡蛎肉适量

配 料 食盐、橄榄油各适量

·操作步骤·

① 鸡蛋与葱花搅匀，与牡蛎以及面粉混合，加入适量食盐。

② 起锅倒入适量橄榄油，待油热后，将已经混匀的面糊均匀摊在锅中煎制，两面金黄即可出锅。

·营养贴士· 牡蛎含有糖原，能够提高机体免疫力，它还含有蛋白质，具有美容养颜与滋阴补血的功效。

野菜煎饼

主料 野菜 100 克，鸡蛋 1 个，面粉 300 克

配料 色拉油、盐、白糖各适量

·操作步骤·

① 面粉加入适量清水，调成稀糊状。

② 面粉糊里加入鸡蛋、适量盐、白糖拌匀。

③ 野菜洗净，切碎后拌入面粉糊。

④ 锅内放少量色拉油，用大一点的勺子舀 1 勺面粉糊放入锅中，迅速摊开，然后用小火慢慢煎，直到两面都有些金黄色，出锅放入盘中即可。

·营养贴士· 野菜具有清肝明目、清热解毒的功效。

·操作要领· 野菜取材要新鲜，洗切和下锅烹调的时间不宜间隔过长，以避免维生素、无机盐的损失。

美式煎饼

主料 面粉125克，鸡蛋1个，烘焙粉30克，牛奶235克

配料 精盐2克，植物油30克

·操作步骤·

① 取一容器，将鸡蛋磕入碗内，打至起泡，加入牛奶和植物油，然后加入面粉、烘焙粉和精盐，搅拌均匀。

② 将适量面糊倒到加过油的热浅锅里，煎至两面金黄即可。

·营养贴士· 美式煎饼能够促进肠胃蠕动，对肠胃健康具有明显的促进作用。

韭菜煎蛋饼

主料 韭菜100克，鸡蛋5个

配料 花生油、精盐各适量，鸡精少许

·操作步骤·

① 韭菜洗净切碎，打入5个鸡蛋，加适量精盐、鸡精、花生油，搅拌均匀。

② 锅内热油，倒入搅拌好的鸡蛋液，转小火，煎至两面凝固上色即可。

·营养贴士· 韭菜煎蛋饼具有益肝健胃与补肾温阳的功效。

双味
糖烧饼

主料 面粉450克，猪肥膘肉50克

配料 绵白糖10克，精盐1克，食碱4克，熟猪油25克，酵面、白芝麻各适量

·操作步骤·

① 在425克面粉中加入100克沸水，掺入酵面，再加入100克冷水，揉合成团，盖上湿布，静置发酵；面团发至五成后，加入食碱；反复揉匀，搓成条，揪成50个剂子。

② 猪肥膘肉洗净后煮熟，切成小丁，盛入碗内，加精盐、绵白糖、面粉25克拌匀成馅料。

③ 剂子逐个按扁，用擀面杖擀成约0.5厘米厚，6厘米宽，20厘米长的皮子，刷上一层熟猪油，然后在面皮的一端铺放30克馅料，从有馅的一端卷成筒，用刀从筒中间切断成两个小筒，用手将切口捏拢，朝上竖放在案板上按扁，擀成直径8厘米的圆饼，沾上白芝麻，置平锅内烤至两面微硬，再放入烤炉，用火烘烤10分钟取出即成。

·营养贴士· 猪肥膘肉含有脂肪酸，能够提供大量能量，但不能食用过量，以免引起身体肥胖，诱发心血管疾病。

·操作要领· 面团要揉匀醒透，揉至光滑为宜；平锅烤时要用微火。

锅塌羊肉饼

主料 羊肉 200 克，鸡蛋 2 个

配料 红辣椒、葱末、植物油、蒜末、精盐、料酒、淀粉各适量

·操作步骤·

① 羊肉切成肉蓉，放入精盐、料酒、淀粉腌渍；打鸡蛋，搅匀成鸡蛋液；红辣椒切丁备用。

② 在炒锅中加植物油，油温七成热的时候把羊肉放进去，变色后马上拿出来沥干油。

③ 将葱末、蒜末放入鸡蛋液中搅匀，均匀地涂在羊肉上；煎锅倒油，把羊肉放到煎锅上，周围起泡的时候再翻面。

④ 煎好后装盘，用红辣椒末点缀即可。

·营养贴士· 锅塌羊肉饼具有温补脾胃与肝肾、补血温经的功效。

辣椒豆豉蒸肉饼

主料 五花肉 200 克，朝天椒 50 克

配料 豆豉 100 克，洋葱、食盐、鸡精各适量

·操作步骤·

① 五花肉剁成肉蓉，加入豆豉、洋葱、食盐、鸡精后继续剁，直到均匀黏稠为止；朝天椒切圈。

② 将剁好的肉蓉盛入碗中，放到蒸锅中蒸 5 分钟即可起锅，撒上一层朝天椒、少量豆豉即可食用。

·营养贴士· 朝天椒具有预防感冒、祛风散寒的功效。

筋丝胡萝卜饼

主 料 面粉 200 克，胡萝卜 200 克

配 料 食用油、花椒、白芝麻、食盐、白糖、醋各适量

·操作步骤·

① 面粉放入盆中，倒入适量沸水搅拌成雪花状，冷却后揉成光滑的面团，包上保鲜膜静置 10 分钟；胡萝卜切成细丝。

② 胡萝卜丝入沸水锅中汆烫至熟，捞出入冷水中投凉。

③ 锅中加入适量油烧热，放入花椒炸糊，离火；胡萝卜丝放入碗中，调入少许盐、白糖、醋、白芝麻，拌匀，将热油倒入胡萝卜丝中拌匀，封口腌入味。

④ 取烫面面团搓条，下剂子，按扁，刷油，每两个面剂子刷油的一面对合在一起，擀成薄饼。

⑤ 锅置火上刷上少许油，放入薄饼烙熟，取出，趁热将薄饼撕开，卷入胡萝卜丝即可享用。

·营养贴士· 筋丝胡萝卜饼具有健胃消食、润肠通便、促进消化的功效。

·操作要领· 胡萝卜丝也可以不用汆烫，直接凉调，更加清爽。

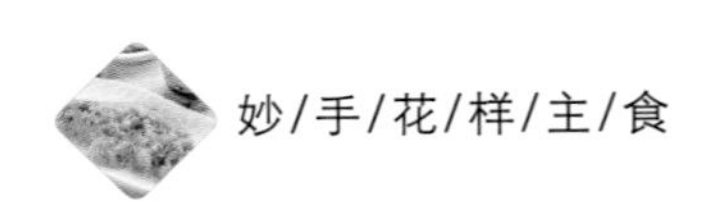

辣椒烘蛋饼

主料：鸡蛋3个，辣椒4个

配料：食盐、食用油各适量

准备所需主材料。

将鸡蛋磕入碗中，放入食盐搅拌；把辣椒剁碎放入鸡蛋液中搅拌均匀。

锅内放入食用油，油热后把碗倒扣在油锅中。

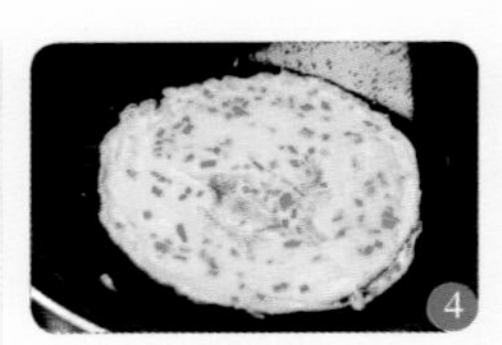

拿开碗，等鸡蛋成饼状后翻面烘，熟后出锅即可。

营养贴士：辣椒烘蛋饼具有解热、镇痛与预防癌症的功效。

操作要领：在制作的时候一定要注意小火慢做，避免焦煳。

锅塌番茄

主 料 番茄200克，鸡蛋4个，蒜薹50克

配 料 精盐、面粉、大葱、食用油、芝麻油各适量

·操作步骤·

① 番茄洗净，切成2厘米厚的片，撒上少许精盐，腌入味。

② 鸡蛋打入碗，抽打起泡；蒜薹切段；大葱切丝。

③ 炒锅注油烧至四五成热，将西红柿两面蘸上面粉，再蘸匀鸡蛋液，逐片下入油锅中，将两面均炸成金黄色，盛入盘中，撒上葱丝、蒜薹段即可。

·营养贴士· 锅塌番茄具有减缓色斑、延缓衰老以及降脂降压的功效。

·操作要领· 番茄在制作之前也可用开水去皮，口感更佳。

什锦蔬菜饼

主 料 面粉500克，鸡蛋4个，胡萝卜1个，土豆2个，青菜适量

配 料 食用油、食盐、鸡精各适量

·操作步骤·

① 鸡蛋打散，土豆、青菜、胡萝卜切丝。

② 土豆丝、胡萝卜丝焯水。

③ 面粉加水、蛋，慢慢调成面糊，将青菜丝以及焯过水的土豆丝、胡萝卜丝倒入其中，搅匀，加入食盐、鸡精调味。

④ 放油热锅，将面糊缓缓倒入锅中煎制，中火将饼煎至两面呈金黄色即可。

·营养贴士· 什锦蔬菜饼具有健胃消食、预防肥胖的功效。

西葫芦小饼

主 料 西葫芦、胡萝卜各1个，面粉1碗

配 料 食用油、食盐、味精各适量

·操作步骤·

① 准备所需主材料。

② 将西葫芦和胡萝卜均切成细丝。

③ 将面粉放入适量的水，搅成糊状，然后放入胡萝卜丝、西葫芦丝、食盐、味精搅拌均匀。

④ 锅内放入食用油，将面粉糊倒入锅内，摊成饼状，不断翻转，煎熟即可。

·营养贴士· 西葫芦具有清热利尿、润肺止咳的功效。

三丝春卷

主 料 饺子皮、水淀粉、鸡蛋、绿豆芽、韭菜、粉条各适量

配 料 盐、植物油各适量

·操作步骤·

① 将绿豆芽掐头去尾洗净；粉条温水浸泡至软捞出切碎；韭菜择洗干净切碎；鸡蛋打散摊成蛋皮切碎；将所有菜放入锅中加少许盐略炒，盛出待冷却备用。

② 将饺子皮擀成薄片，放上炒好的馅料，先卷起一边，再将两边向中间折起，卷向另一边形成长扁圆形的小包，用水淀粉收口，包成春卷，码入盘中。

③ 锅置火上植物油烧至七成热，转中火将包好的春卷逐一放入，炸至表面呈金黄色捞出，沥油装盘。

·营养贴士· 绿豆芽具有清热消暑、解毒利尿的功效。

·操作要领· 炸的时候要掌握火候，不要用大火。

云南
春卷

主料 面粉150克，淀粉100克，鲜猪肉末200克，香椿、豆芽、韭菜各80克，鸡蛋3个，水发金钩、玉兰片、冬菇末各20克，火腿末30克

配料 精盐14克，酱油20克，味精、胡椒粉各5克，肥膘、花生油各适量

·操作步骤·

① 锅烧热，倒油，将肉末、金钩、玉兰片、火腿末、冬菇末入锅煸香，下酱油、精盐、味精、胡椒粉调匀成馅料，豆芽、韭菜、香椿经沸水焯后切碎，拌入馅料中。

② 将面粉、鸡蛋、淀粉及少许精盐用水调均匀成浆糊状；锅上火，烘热，用肥膘抹匀，倒入浆糊摊成圆形，微火烤熟，撕下，从圆心处均分6块呈扇形，包入馅心，裹成长6厘米、宽3厘米的长方卷。

③ 锅中放油烧至七成热，下春卷炸成金黄色，捞出控干油，即可上桌。

·营养贴士· 玉兰片具有定喘消痰的功效。

·操作要领· 皮坯摊制得一定要薄，这样才更酥脆。